Morton John Canty

# Chaos und Systeme

Eine Einführung in Theorie und Simulation dynamischer Systeme

Morton John Canty

# Chaos und Systeme

## Eine Einführung in Theorie und Simulation dynamischer Systeme

Softcover reprint of the hardcover 1st edition 1995
Der Verlag Vieweg ist ein Unternehmen der Bertelsmann Fachinformation GmbH.

Gedruckt auf säurefreiem Papier

ISBN-13: 978-3-322-83078-4 e-ISBN-13: 978-3-322-83077-7
DOI: 10.1007/978-3-322-83077-7

*Betrachten wir die Geschichte der Naturwissenschaft, so entdecken wir zwei einander entgegengesetzte Phänomene: Hier verbirgt sich hinter scheinbarer Komplexität das Einfache. Dort birgt das scheinbar Einfache eine außerordentliche Komplexität.*

- Henri Poincaré

*für Andrea*

# Vorwort

Dieses Buch entstand aus einem Manuskript, das als Begleitmaterial für ein einführendes Seminar über Modellierung einfacher ökologischer Systeme für Geographie-Studenten gedacht war. Der Autor fand zunehmend Spaß daran, die allereinfachsten Beispiele (wie das altehrwürdige Räuber-Beute-System) verständlich zu formulieren und mit den sehr plastischen Methoden der qualitativen Dynamik und der Computersimulation gemeinsam mit den Studenten zu untersuchen. Als ihm dämmerte, daß es sogar zeitlich möglich, und trotz eher bescheidener mathematischer und programmiertechnischer Fähigkeiten seitens der Studenten durchaus zumutbar war, bis zum deterministischen Chaos vorzudringen, war seine Begeisterung komplett.

Das Material dieses Buches ist, hoffe ich, eine gelungene Mischung aus numerischem Experimentieren am Rechner und leicht verständlicher Theorie. Auf den Anfänger zielend, ist die Entwicklung linear, d. h. die notwendigen theoretischen Konzepte und Computerprogramme werden nach Bedarf eingeführt und nicht in 'Spezialinteressen'-Kapitel oder Anhänge versteckt. Das Erfolgserlebnis soll nicht mit Hinweisen auf durchaus vorhandene, aber im Sinne einer Einführung nicht relevante 'technische Schwierigkeiten' verwässert werden. Die in den ersten fünf Kapiteln verwendeten Beispiele mit der einen (notwendigen) Ausnahme des linearen Oszillators entstammen deshalb allesamt einem einzigen Fachgebiet, nämlich der Populationsdynamik, angefangen bei exponentiellem Wachstum, bis hin zu einem chaotischen Exemplar des wohlbekannten Lotka-Volterra-Systems. Hierdurch soll für eine einheitliche und zielgerichtete Entwicklung der elementaren Theorie nichtlinearer dynamischer Systeme gesorgt werden. Wichtige und lehrreiche Beispiele aus anderen Gebieten, vor allen Dingen die wunderbaren Konstruktionen des E. N. Lorenz, werden zur Vertiefung des Verständnisses für das umfangreiche sechste und letzte Kapitel aufgehoben.

Die Software-Hilfsmittel, die das Buch begleiten, sollen eventuell mangelnde Programmierkenntnisse des Lesers ausgleichen. Sie werden ausnahmslos als Turbo Pascal Units einschließlich Quellen angeboten. Alle Beispiele laufen auf der hervorragenden Entwicklungsebene des Turbo Pascal-Compilers der Firma Borland. Parameter und Modellgleichungen werden durch Konstantenvereinbarung, bzw. direktes Editieren des Hauptprogramms eingegeben. Experimentieren und Modifizieren sollen gefordert, und das 'Black-Box-Syndrom' soll gemieden werden. Für diejenigen, die einen Turbo-Pascal-Compiler in der Version 6.0 oder 7.0 nicht besitzen, befinden sich außerdem auf der Diskette lauffähige EXE-Dateien für alle im Text angesprochenen Beispiele.

Geringe Vorkenntnisse seitens des Lesers sind vorausgesetzt: Eine frühere (durchaus halb vergessene) Auseinandersetzung mit der elementaren Differentialrechnung, sowie eine gewisse Vertrautheit mit Turbo Pascal, eventuell auch mit den objektorientierten Eigenschaften dieser 'Universalsprache', reichen völlig aus.

Besonderen Dank schulde ich meinen Kollegen Rudolf Avenhaus, Friedhelm Drepper, Dieter Klaus und Bernd Richter für ihre aufmerksame Durchsicht von Teilen des Manuskripts und für ihre kritischen Verbesserungsvorschläge. Ich danke auch Gotthard Stein für die Anregung, dieses Buch zu schreiben und für die Unterstützung während seiner Entstehung.

Die Erforschung der Geheimnisse der nichtlinearen Dynamik mit solch einfachen Mitteln hat mir sehr viel Freude gebracht. Dem Leser möge es ebenso ergehen!

Jülich, September 1994 Morton Canty

# Inhaltsverzeichnis

# Kapitel 1

# Logistisches Wachstum

*Work expands so as to fill the time*
*available for its completion.*
- C. N. Parkinson

Wir beginnen unseren simulierten Spaziergang durch die nichtlineare Dynamik mit der Betrachtung einer isolierten Tierpopulation, z. B. Weidetiere, Bakterien oder Insekten. Die Größe des Bestandes zum Zeitpunkt $t$ sei durch die Funktion $Z(t)$ gegeben. Dann ist die Bestandsveränderung innerhalb eines kleinen Zeitraums $h$ gegeben durch die Differenz

$$Z(t+h) - Z(t).$$

Die Zeit $t$ wird hier als *unabhängige Variable*, die Population $Z$ als *abhängige Variable* oder *Zustandsvariable* bezeichnet. Die *Veränderungsrate*, d.h. die Veränderung der Zustandsvariablen pro Zeiteinheit, ist demnach

$$\frac{Z(t+h) - Z(t)}{h}.$$

Über ein *kurzes* Zeitintervall $h$ sei diese Veränderungsrate näherungsweise proportional zum vorhandenen Bestand zum Zeitpunkt $t$, und zwar mit der Proportionalitätskonstante $r$,

$$\frac{Z(t+h) - Z(t)}{h} \approx rZ(t). \tag{1.1}$$

Die konstante Größe $r$ charakterisiert die Wachstumsgeschwindigkeit und wird *Systemparameter* genannt. Diese Approximation werden wir als exakt annehmen, falls $h$ beliebig klein wird:

$$\lim_{h\to 0} \frac{Z(t+h)-Z(t)}{h} = rZ(t).$$

Die linke Seite ist definitionsgemäß die *Ableitung von Z bzgl. t*, d. h. ein *Differentialkoeffizient*, den wir mit $\frac{dZ(t)}{dt}$ bzw. $\dot{Z}(t)$ bezeichnen. Die dem System zugrundeliegende *Modellgleichung* lautet also

$$\dot{Z}(t) = rZ(t). \tag{1.2}$$

Gleichung (1.2) ist sehr einfach. Ihre formale Bezeichnung hat es trotzdem in sich. Es handelt sich im Jargon des Mathematikers nämlich um eine *gewöhnliche lineare autonome Differentialgleichung erster Ordnung*:

- *gewöhnlich*,[1] deshalb weil es nur *eine* unabhängige Variable gibt, nämlich $t$,
- *linear*, weil die Zustandsvariable $Z$ und ihre Ableitungen nur linear auftreten,
- *autonom*, da die Zeitabhängigkeit implizit ist, also weil die Zeitvariable $t$ nicht explizit vorkommt, und schließlich
- *erster Ordnung*, da nur die erste Ableitung von $Z$ bzgl. $t$ erscheint.

## 1.1 Unbegrenztes Wachstum ...

Die Lösung der Differentialgleichung (1.2), also diejenige Funktion $Z(t)$, die die Gleichung erfüllt, stellt die Zeitabhängigkeit der Population dar, und somit die Aussage über das Verhalten des Systems, d. h. über seine Dynamik. Aus der elementaren Differentialrechnung folgt

$$\frac{d}{dt}e^{rt} = re^{rt}.$$

[1] Das Gegenteil heißt *partiell*. Falls man z. B. auch die räumliche Ausdehnung der Population berücksichtigen will, muß $Z(t)$ durch $Z(t,x,y)$ ersetzt werden. Die Differentialgleichungen des Modells beinhalten dann auch *partielle Differentialkoeffizienten* wie $\frac{\partial Z}{\partial x}$ usw.

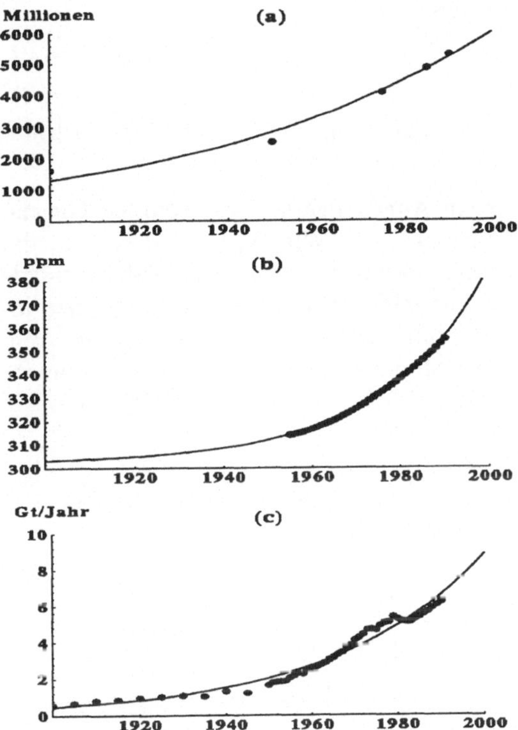


**Abbildung 1.1:** (a) Die Weltbevölkerung, (b) Konzentration von Kohlendioxid in der Erdatmosphäre in ppm, (c) anthropogene CO2-Emissionen in Gigatonnen/Jahr.

Also ist eine Lösung offensichtlich

$$Z(t) = e^{rt}.$$

Wird die Exponentialfunktion mit einer beliebigen Konstanten C multipliziert, erhalten wir ebenfalls eine Lösung. Diese wird dann *allgemeine Lösung* genannt und lautet

$$Z(t) = Ce^{rt}.$$

Um $C$ zu bestimmen, reicht eine einzige *Randbedingung* aus, z. B. die Größe des Bestandes zum Zeitpunkt $t = 0$:

$$Z(t = 0) := Z_0 = Ce^{r \cdot 0} = C.$$

Die Lösung ist in diesem Fall

$$Z(t) = Z_0 e^{rt}. \tag{1.3}$$

Einige empirische Beobachtungen exponentiellen Wachtums sind in Abbildung 1.1 wiedergegeben.

Stellen wir uns einen Augenblick vor, wir könnten Gleichung (1.2) nicht - wie oben - analytisch lösen.[2] Wir werden bald sehen, daß dies sogar die Regel ist: analytische Lösungen *nichtlinearer* Differentialgleichungssysteme gibt es tatsächlich nur selten. Dann könnten wir immerhin Gleichung (1.1) verwenden, um eine numerische Lösung vorzunehmen. Wir werden dies als eine *Simulation* des Modells bezeichnen. Dazu folgender *Rechenalgorithmus*:

**Algorithmus 1.1**

1. $r, h, Z_0, T$ in den Rechner einlesen, bzw. vereinbaren.
2. $t := 0, \quad Z := Z_0$
3. $t := t + h$
4. $Z := Z + r \cdot h \cdot Z$
5. $t, Z$ ausgeben, bzw. darstellen.
6. Falls $t < T$ nach 3 springen, sonst beenden.

Der vierte Schritt ist eine Umschreibung der Approximation (1.1) auf Seite 1, wobei die linke Seite der Zuweisung dem Fuktionswert $Z(t+h)$ entspricht. In Kapitel 3 werden wir eine Verfeinerung dieses Rechenverfahrens kennenlernen.

## 1.2 ... Gibt es nicht

Unbegrenztes Wachstum ist, wie wir in diesem Jahrhundert immer deutlicher zu spüren bekommen und mit der - vorübergehenden - Ausnahme der menschlichen Bevölkerung bzw. Nebenwirkungen, unrealistisch. Einige plausibelere Wachstumsszenarien sind in Abbildung 1.2 zu sehen [1, 2].

Also modellieren wir weiter und kehren zunächst zu unserem einfachen Modell zurück. Da Nahrungsquellen begrenzt sind, wollen wir annehmen, daß der Bestand $N$ auf einen Sättigungswert $K$ zuwächst, und danach konstant

[2] Newton und Leibnitz hätten die Differentialrechnung nicht erfunden!?

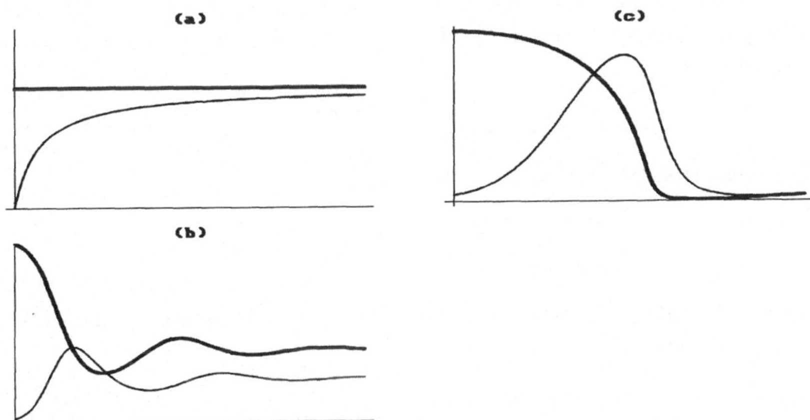


**Abbildung 1.2:** Verhaltensformen der Bevölkerungsentwicklung: (a) logistisches Wachstum oder langsame Annäherung der mit der dicken Linie bezeichneten Tragfähigkeitsgrenze, (b) Grenzüberschreitung mit Einschwingung, (c) Grenzüberziehung mit Zusammenbruch.

bleibt, entsprechend Abbildung 1.2 (a). Durch ein wenig Herumbasteln an (1.2) läßt sich dieser Effekt leicht erzeugen:

$$\dot{Z}(t) = rZ(t) \cdot \Big(1 - \frac{Z(t)}{K}\Big). \tag{1.4}$$

Wir haben einen zusätzlichen Systemparameter $K$ eingeführt, wobei für $Z(t) \ll K$, Gleichung (1.4) in Gleichung (1.2) übergeht: für kleine Populationen gilt exponentielles Wachstum. Dagegen für $Z(t) \to K$, $\dot{Z}(t) \to 0$, d.h. keine Veränderung mehr: Die Bevölkerungszahl strebt wie gewünscht gegen $Z(t) = K$.

Die Differentialgleichung (1.4) ist wegen des quadratischen Terms $Z(t)^2$ *nichtlinear.* Sie taucht sehr oft als Grundmodell in der Populationsdynamik auf und wird *logistische Gleichung* genannt.

Ausnahmsweise hat (1.4) trotz ihrer Nichtlinearität, wie (1.2), eine analytische Lösung. Hier eine kleine Übung in Integralrechnung: Wir unterdrücken zunächst die unabhängige Variable $t$ und schreiben die Differentiale in (1.4) aus,

$$\frac{dZ}{dt} = rZ(1 - \frac{Z}{K}).$$

Wir verwenden nun den 'Trick' der Variablentrennung, der dadurch gerechtfertigt wird, daß er auf eine Lösung führt, die durch Einsetzen in (1.4) bestätigt wird:

$$\frac{KdZ}{Z(K-Z)} = rdt.$$

Die Integration beider Seiten ergibt

$$\int \frac{KdZ}{Z(K-Z)} = \int rdt = rt + C,$$

wobei $C$ die Integrationskonstante ist. Wir führen eine kleine Partialbruchzerlegung durch und erhalten

$$\int (\frac{1}{Z} + \frac{1}{K-Z})dZ = rt + C.$$

Nun gilt

$$\int \frac{1}{Z}dZ = \ln Z \quad \text{und} \quad \int \frac{1}{K-Z}dZ = -\ln(K-Z),$$

somit erhalten wir

$$\ln Z - ln(K-Z) = rt + C$$

oder

$$\ln(\frac{Z}{K-Z}) = rt + C.$$

Die Invertierung des Logarithmus ergibt schließlich

$$\frac{Z}{K-Z} = e^{rt+C} = Ae^{rt},$$

wobei wir $A = e^C$ gesetzt haben. Lösen wir nach $Z$ auf, erhalten wir die explizite Lösung

$$Z(t) = AK \cdot \frac{e^{rt}}{1 + Ae^{rt}}, \qquad (1.5)$$

wobei die Konstante $A$ durch die vorgegebene Randbedingung bestimmt ist, siehe z. B. Übung 2.

Die durch (1.5) gegebene Funktion $Z(t)$ ist in Abbildung 1.2(a) dargestellt.

Listing 1.1 unten ist ein - angesichts Lösung (1.5) völlig überflüssiges - Pascal Programm, das die logistische Gleichung simuliert. Es verwendet die im Software-Paket zur Verfügung gestellte Turbo Pascal Unit **xyplots**, um seine Grafik zu erzeugen. Diese Unit wird im Anhang ausführlich beschrieben und in den größten Teil der in diesem Buch verwendeten Programme eingebunden. Die numerische Integration ist Algorithmus 1.1 nachempfunden.

```
program logistik;        { Simulation der logistischen Gleichung }
uses crt,graph,xyplots;
const K     = 1.0;       { Saettigung (z. B. in Biomasse-Einheiten) }
      r     = 0.5;       { Wachstumsrate }
      Tmax  = 20;        { Simulationszeit }
      dt    = 0.01;      { Integrationschritt }
var aPlot: TxyPlot;      { XYPlot-Objekt }
    Z,dZdt,time: real;
    c: char;
procedure equation(Z: real; var dZdt: real);
begin
   dZdt:= r*Z*(1-Z/K) { die logistische Gleichung }
end;
procedure integrate(var Z: real; dZdt,dt: real);
begin
   Z:= Z + dZdt*dt    { Integrationsschritt }
end;
begin
   graphics;
{ Plot darstellen }
   aPlot.show(10,90,10,90,'Logistische Gleichung');
{ Axen beschriften }
   aPlot.xScale(0,Tmax,Tmax/10,'Zeit');
   aPlot.yScale(0,1.4,0.2,'Population');
{ Saettigungsgrenze zeigen }
   aPlot.lineDesign(red,DashedLn,NormWidth);
   aPlot.pLine(0,1,Tmax,1);
   aPlot.pLabel(Tmax/5,1.05,'Saettigung',red,horizdir);
{ Variablen initialisieren }
   time:= 0;  Z:= 0.1;
{ Integrationsschleife und Darstellung des Ergebnisses }
   while time<Tmax do begin
      equation(Z,dZdt); integrate(Z,dZdt,dt);
      aPlot.pPoint(time,Z,yellow);
      time:= time+dt
   end;
   repeat until KeyPressed;
   closegraph
end.
```

**Listing 1.1** Ein Simulationsprogramm für die logistische Gleichung (1.4).

Die Zustandsvariable $Z$ in Programm 1.1 variiert zwischen Null und Sättigungswert $K = 1$. Wir messen sie also in relativen Einheiten, man denke z. B. an Biomasse.

## 1.3 Ein zeitdiskretes Modell

Für die spätere Diskussion zum Thema deterministisches Chaos wollen wir nun die sogenannte *zeitdiskrete logistische Gleichung* ableiten: Von (1.4) und mit der Definition des Differentialkoeffizienten gilt

$$Z(t+h) - Z(t) \approx rhZ(t) \cdot (1 - Z(t)/K).$$

Setzt man $t = nh$, $n = 0, 1, 2, \ldots$, dann gilt

$$Z(nh+h) - Z(nh) \approx rhZ(nh) \cdot (1 - Z(nh)/K)$$

und, mit $h = 1$, d. h. Reproduktion bzw. Wachstum nur zum Zeitpunkt $t = 1, 2, \ldots$,

$$\begin{aligned} Z(n+1) &= Z(n) + rZ(n) \cdot (1 - Z(n)/K) \\ &= Z(n)\Big((1+r) - \frac{r}{K}Z(n)\Big). \end{aligned}$$

Führen wir nun die neue Zustandsvariable $z(n)$ wie folgt ein:

$$z(n) = \frac{r}{K(1+r)} \cdot Z(n),$$

so ergibt sich

$$z(n+1) = (1+r)z(n)(1 - z(n)),$$

und, mit $a := 1 + r$,

$$z(n+1) = a \cdot z(n)(1 - z(n)). \tag{1.6}$$

Die zeitdiskrete logistische Gleichung (1.6) wird auch häufig in der Bevölkerungsdynamik verwendet. Eine - im Gegensatz zur obigen formalen Ableitung - biologische Begründung dieser Gleichung wäre etwa folgende [3]:

Eine Insektenpopulation zum Zeitpunkt $t = 0$ sei mit $Z(0)$ bezeichnet. Im Laufe eines Sommers werden pro Insekt $r$ Eier produziert. Wir nehmen zunächst an, daß alle Nachfahren im folgenden Sommer ($t = 1$) die Geschlechtsreife erreichen. Es gilt also

$$Z(1) = r \cdot Z(0)$$

oder im $n$-ten Sommer

$$Z(n) = r \cdot Z(n-1) = r^2 \cdot Z(n-2) = \ldots = r^n \cdot Z(0), \tag{1.7}$$

d. h. exponentielles Wachstum. Das kann nicht gut gehen, also bezeichnen wir mit $\bar{Z}$ die kritische Vorjahrespopulation, bei der die Insekten ihre Nahrungsgrundlage derart zerstören, daß *keine* die Geschlechtsreife erreichen. Folglich werden keine Eier produziert. Ein naheliegender Ansatz wäre dann, eine lineare Abnahme der Fruchtbarkeit $r$ der Gesamtpopulation gemäß

$$r = a \cdot \left(1 - \frac{Z(n-1)}{\bar{Z}}\right)$$

zu fordern. Mit (1.7) erhalten wir dann

$$Z(n) = a \cdot \left(1 - \frac{Z(n-1)}{\bar{Z}}\right) \cdot Z(n-1).$$

Wir dividieren beide Seiten nun durch $\bar{Z}$, setzen $z(n) = Z(n)/\bar{Z}$ und erhalten wieder (1.6).

Von besonderem Interesse ist die Tatsache, daß die durch (1.6) erzeugte Zeitreihe $z(1), z(2), \ldots$ für bestimmte Werte des Systemparameters $a$ *keine Periodizität* aufweist. Mehr dazu im fünften Kapitel.

## 1.4 Zwei verwandte Modelle

Nun wollen wir unserer Tierchenwelt eine zweite Spezies hinzufügen. Um die beiden Populationen voneinander zu unterscheiden, werden zweckmäßig die Zustandsvariablen $Z_1(t)$ und $Z_2(t)$ eingeführt. Zunächst seien die beiden Spezies voneinander völlig unabhängig. Unter der Annahme logistischen Wachstums lauten die Modellgleichungen dann gemäß (1.4) ganz einfach

$$\dot{Z}_1(t) = r \cdot Z_1(t) \cdot (1 - Z_1(t)/K)$$
$$\dot{Z}_2(t) = s \cdot Z_2(t) \cdot (1 - Z_2(t)/L).$$

Die Dynamik der zweiten Zustandsvariablen $Z_2(t)$ wird also von der Wachstumsrate $s$ und Sättigung $L$ bestimmt.

Wir betrachten jetzt zwei verschiedene Wechselwirkungsarten [4, 5].

### 1.4.1 Konkurrenz

Nehmen wir zunächst an, es herrsche ein Konkurrenzkampf um eine gemeinsame begrenzte Nahrungsquelle. So ist eine mögliche Modellierung durch die Differentialgleichungen

$$\begin{aligned} \dot{Z}_1(t) &= r \cdot Z_1(t) \cdot \Big(1 - Z_1(t)/K\Big) - \alpha \cdot Z_1(t) \cdot Z_2(t) \\ \dot{Z}_2(t) &= s \cdot Z_2(t) \cdot \Big(1 - Z_2(t)/L\Big) - \beta \cdot Z_1(t) \cdot Z_2(t) \end{aligned} \tag{1.8}$$

gegeben. Die Bevölkerungen 'kriegen sich in die Haare'. Je größer die jeweilige Anzahl der Tiere, desto größer die gegenseitige Beeinträchtigung des Wachstums (negative Vorzeichen der Kopplungsterme). Die neuen Systemparameter $\alpha$ und $\beta$ bezeichnen die Intensität des Existenzkampfes.

Die Gleichungen (1.8) stellen ein System *verkoppelter Differentialgleichungen* dar. Zu beachten ist, daß wir es nun mit sechs Systemparametern zu tun haben, nämlich $r$, $s$, $K$, $L$, $\alpha$ und $\beta$. Für (1.8) gibt es *keine analytische Lösung.* Wir können, falls wir genaue Aussagen über die Dynamik, also über die Zeitabhängigkeit der Zustandsvariablen des Systems haben möchten, *nur* simulieren.

### 1.4.2 Räuber und Beute

Jetzt nehmen wir an, die zweite Spezies ist die Nahrungsquelle der ersten Spezies. Ein plausibles Modell wäre dann mit $Z_1$ = Anzahl Raubtiere und $Z_2$ = Anzahl Beutetiere,

$$\begin{aligned} \dot{Z}_1(t) &= -r \cdot Z_1(t) + \alpha \cdot Z_1(t) \cdot Z_2(t) \\ \dot{Z}_2(t) &= s \cdot Z_2(t) \cdot \Big(1 - Z_2(t)/L\Big) - \beta \cdot Z_1(t) \cdot Z_2(t). \end{aligned} \tag{1.9}$$

Die erste Gleichung entspricht einem exponentiellen Aussterben der Raubtiere in Abwesenheit von Beute (negatives Vorzeichen des ersten Gliedes) und einer Wachstumsrate proportional zum Produkt der beiden Bevölkerungszahlen. (Das Produkt ist ein Maß für die Wahrscheinlicheit einer Begegnung zwischen Raub- und Beutetier). Die zweite Gleichung ist unverändert gegenüber (1.8). Sie beschreibt nach wie vor logistisches Wachstum, beeinträchtigt in Proportion zum Produkt der beiden Bevölkerungszahlen.

```
program zweispez;
{  Simulation eines Zweispezienmodells  }
uses crt,graph,xyplots;
{}
type array2 = array[1..2] of real;
{              Raeuber-Beute  Konkurrenz                          }
const K     =     1e6;      {  1               Saettigung Z[1]    }
      L     =      10;      {  1               ditto  Z[2]        }
      r     =      -1;      {  1               Wachstumsrate Z[1] }
      s     =       1;      {  1               ditto  Z[2]        }
      alpha =    -1.5;      {  1.5   Wechselwirkungsfaktor Z[1]   }
      beta  =     1.5;      {  1.5   ditto  Z[2]                  }
      Tmax  = 20;          { Simulationszeit       }
      dt    =  0.005;      { Integrationsschritt }
var aPlot: TxyPlot;
    Z,dZdt: array2;
    time: real;
{}
procedure equations(Z: array2; var dZdt: array2);
begin
   dZdt[1]:= r*Z[1]*(1-Z[1]/K) - alpha*Z[1]*Z[2];
   dZdt[2]:= s*Z[2]*(1-Z[2]/L) - beta*Z[1]*Z[2];
end;
{}
procedure integrate(var Z: array2; dZdt: array2; dt: real);
var i: integer;
begin
   for i:= 1 to 2 do Z[i]:= Z[i] + dZdt[i]*dt
end;
{}
begin
   graphics;
   aPlot.show(20,80,20,80,'Zwei Spezies');
   aPlot.xScale(-Tmax/10,Tmax,Tmax/10,'Zeit');
   aPLot.yScale(0,1.5,0.1,'Bevoelkerung');
   time:= 0;
   Z[1]:= 0.6;  Z[2]:= 0.4;
   while time<Tmax do begin
      equations(Z,dZdt);
      integrate(Z,dZdt,dt);
      aPlot.pPoint(time,Z[1],red);
      aPlot.pPoint(time,Z[2],yellow);
      time:= time+dt
   end;
   repeat until KeyPressed;
   closegraph
end.
```

**Listing 1.2** Simulationsprogramm für das Gleichungssystem (1.9). Die 'auskommentierten' Konstantendeklarationen entsprechen Gl. (1.8).

### 1.4.3 Verallgemeinerung und Simulation

Gleichungen (1.8) und (1.9) sind Spezialfälle eines allgemeineren und sehr bekannten Gleichungssystems

$$\dot{Z}_i(t) = Z_i(t)\Big(r_i + \sum_{j=1}^{n} a_{ij} Z_j(t)\Big), \quad i = 1 \ldots n \tag{1.10}$$

das Lotka-Volterra-System genannt wird. Bei (1.8) gilt z. B.

$$\begin{aligned} n = 2, \quad r_1 = r, \quad a_{11} = r/K, \quad a_{12} = -\alpha, \\ r_2 = s, \quad a_{21} = -\beta, \quad a_{22} = s/L, \end{aligned}$$

und ähnlich für (1.9) gilt

$$\begin{aligned} n = 2, \quad r_1 = -r, \quad a_{11} = 0, \quad a_{12} = \alpha, \\ r_2 = s, \quad a_{21} = -\beta, \quad a_{22} = s/L \ . \end{aligned}$$

Listing 1.2 zeigt die notwendige Modifizierung des Programms 1.1, um das System (1.8), bzw. (1.9) zu simulieren. Der Bequemlichkeit halber ist im Falle des Räuber-Beute-Modells dem Parameter $K$ die sehr große Zahl $10^6$ zugewiesen, um die erste Gleichung im System (1.9) in etwa wiederzugeben. Außerdem ist $L$ ebenfalls groß gewählt ($L = 10$), um ausgeprägte Schwingungen zu erzeugen.

Das Ergebnis einer Simulation des Räuber-Beute-Modells mit Systemparametern, wie in Programm 1.2 vereinbart, zeigt Abb. 1.3.

Große, zueinander zeitlich verschobene Schwingungen in den Zustandsvariablen, also in den Populationen der beiden Spezies, treten auf - allerdings in diesem Fall nur vorübergehend, denn sie klingen langsam ab. Ein derartiges Muster ist ein einfaches Beispiel für *Selbstorganisation*[3] oder spontane Strukturbildung, ein Phänomen, das in der Ökologie häufig zu beobachten ist. Die Wechselwirkungen zwischen den einzelnen Systemkomponenten, in unserem Fall zwischen den Tieren, findet auf der mikroskopischen Ebene rein zufällig und ohne jegliche deterministischen Regeln statt. Doch auf der makroskopischen Ebene treten Regelmäßigkeiten auf, die anscheinend mit extrem einfachen mathematischen Modellen beschrieben werden können.

[3] Warum ausgerechnet dieser Begriff? Nun, man könnte z. B. mit den Schwingungen in den Bevölkerungszahlen die Zeit messen. Die Tiere haben sich also in eine Uhr 'selbstorganisiert'. Sicherlich keine sehr genaue, aber immerhin!

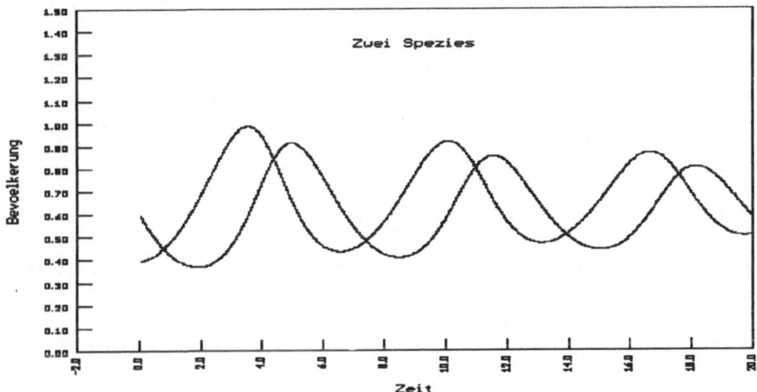


**Abbildung 1.3:** Zeitabhängigkeit der Bevölkerungen beim Räuber-Beute-Modell.

Aber stimmt das alles? Bisher haben wir doch nur ein Paar Differentialgleichungen 'hingezaubert', und sie dann numerisch integriert. Kein Wunder, daß die Lösungen Regelmäßigkeiten aufweisen! Verhält sich die Natur wirklich so? Wie sieht's mit der empirischen Realität aus? Faire Fragen natürlich. Eine Möglichkeit, eine Antwort zu finden, wäre, einen Ausflug ins Freie zu unternehmen, vielleicht in den Wald, um Spinnen und Käfer zu zählen. Der Autor zieht es aber vor, an seinem PC zu bleiben, und sich die Wirklichkeit softwaremäßig hereinzuholen. Draußen ist es eh' am Regnen.

## 1.5 Übungen zum ersten Kapitel

1. Das Wachstum der Weltbevölkerung wird durch die exponentielle Funktion in Abb. 1(a) nicht besonders gut wiedergegeben. Ein wesentlich besseres Modell ist *explosives Wachstum* mit Modellgleichung $\dot{Z} = rZ^2$: Die Wachstumsrate ist proportional zum *Quadrat* des instantanen Bestandes. Zeigen Sie, daß die Lösung dieser Gleichung $Z(t) = Z_0/(1 - Z_0 rt)$ lautet. Zu welchem Zeitpunkt findet die 'Explosion' statt?

2. Für die Randbedingung $Z(t = 0) = Z_0$ bestimmen Sie den Wert der Integationskonstante $A$ in Gl. (1.5). Was geschieht für $Z_0 = K$?

3. Das Bild (b) in Abb. 1.2 wurde mit Gleichungssystem (1.9), dem Räuber-Beute-Modell, erzeugt. Bild (c), Grenzüberziehung mit Zusammenbruch, entspricht dem Gleichungssystem

$$\begin{aligned} \dot{Z}_1 &= Z_1^2(1-Z_1) - Z_1 + a, \quad Z_1 \leq Z_2 \\ \dot{Z}_1 &= Z_1^2(1-Z_1) - Z_2 + a, \quad Z_1 > Z_2 \\ \dot{Z}_2 &= bZ_1Z_2/(Z_1+Z_2) - cZ_2 \quad Z_2 > 0 \\ \dot{Z}_2 &= -cZ_2 \quad Z_2 \leq 0 \end{aligned}$$

mit Parameterwerten $a = 0.01$, $b = 0.7$, $c = 0.5$. Die Variable $Z_1$ bezeichnet eine regenerative Ressource, $Z_2$ eine Population, die diese Ressource aufzehrt, vgl. [2], p 294. Modifizieren Sie Programm 1.2, um dieses Modell zu simulieren.

4. Eine vereinfachte Version des Räuber-Beute-Modells ohne Sättigungsgrenze für die Beutetiere und mit $\alpha = \beta$ erhält man aus (1.9) mit $L \to \infty$:

$$\begin{aligned} \dot{Z}_1 &= -r \cdot Z_1 + \alpha \cdot Z_1 \cdot Z_2 \\ \dot{Z}_2 &= s \cdot Z_2 - \alpha \cdot Z_1 \cdot Z_2. \end{aligned} \tag{1.11}$$

   (a) Zeigen Sie, daß die Bevölkerungszahlen $Z_1 = s/\alpha$ und $Z_2 = r/\alpha$ falls einmal erreicht, sich nicht mehr verändern würden.

   (b) Gibt es andere solche *Gleichgewichtszustände* des Systems? Welche?

   (c) Zeigen Sie, daß eine Verschiebung des Koordinatennullpunkts auf den obigen Gleichgewichtspunkt, d. h. eine Transformation

$$\begin{aligned} Z_1 &\to z_1 = Z_1 - s/\alpha, \\ Z_2 &\to z_2 = Z_2 - r/\alpha, \end{aligned}$$

   zum Gleichungssystem

$$\begin{aligned} \dot{z}_1 &= z_2(s + \alpha z_1) \\ \dot{z}_2 &= -z_1(r + \alpha z_2) \end{aligned} \tag{1.12}$$

   führt.

   (d) Zeigen Sie unter Vernachlässigung der quadratischen Glieder in (1.12), daß sich ein beliebiger Punkt in der Nähe des Gleichgewichts in einer Ellipse bewegt und weiter, daß die für eine komplette Umkreisung notwendige Zeit nicht von der Größe der Ellipse abhängt.

# Kapitel 2

# Prozeßorientierte Simulation

*Es ist doch lange hergebracht,*

*Daß in der großen Welt man kleine Welten macht.*

- Mephisto

In diesem Kapitel werden wir einer Modellierungstechnik begegnen, die sich besonders dann anbietet, wenn kein mathematisches Gesamtmodell vorliegt. Die mikroskopischen Bestandteile eines Systems, sowie ihre Wechselwirkungen miteinander, werden so realitätsnahe wie möglich abgebildet. Die eigentliche Simulation ähnelt dann einem Experiment, in dem die globalen Eigenschaften des Gesamtsystems mit statistischen Methoden 'gemessen' werden. Unser Ziel wird es sein festzustellen, ob die in Kapitel 1 vorausgesagten Regelmäßigkeiten in Systemen wie (1.9) wirklich eintreten.

Charakteristisch für diese Art Simulation sind zeitdiskrete oder sprunghafte Änderungen der Systemzustände. Eine Komponente einer Räuber - Beute - Simulation wäre beispielsweise ein einzelnes Raubtier, dessen Zustände aus der Menge { *Jagen, Fressen, sich Vermehren, Verhungern usw.* } bestehen. Zustandsänderungen werden dann durch besondere Ereignisse, wie z. B. 'Beutetier in der Nähe' oder 'Geschlechtsreife erreicht' ausgelöst (Abbildung

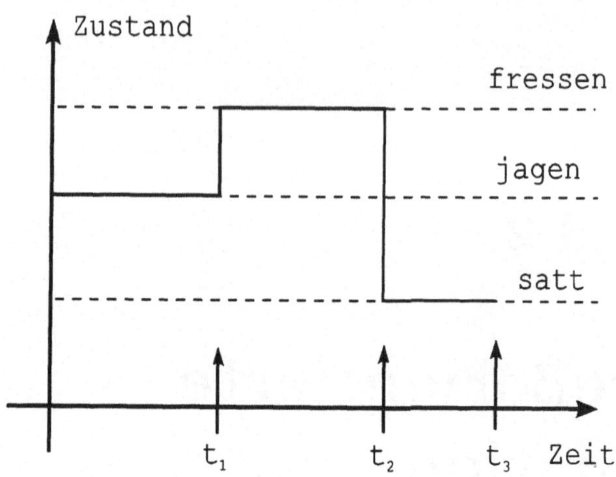


**Abbildung 2.1:** Zustandsänderungen eines simulierten Raubtiers.

2.1). Nur die Zeitpunkte solcher Sprünge sind von Interesse und sollen berücksichtigt werden.

Bei der Programmierung der Simulation gibt es im allgemeinen zwei alternative Sichtweisen [6]:

- Die ereignisorientierte Perspektive oder Vogelperspektive: Das System als Ganzes wird 'von oben herab' betrachtet. Alle Ereignisse werden von einem Hauptprogramm aus verwaltet und der Reihe nach abgearbeitet. Hierfür reichen konventionelle Programmtechniken, wie sie in den prozeduralen Computersprachen Fortran, Basic, Pascal usw. vorhanden sind, völlig aus. Nachteil dieser Vorgehensweise ist die sehr schnell mit der Systemkomplexität zunehmende Unübersichtlichkeit des Programms.

- Die prozeßorientierte Perspektive oder Froschperspektive: Das Modell wird aus der Sicht eines *Prozesses*, der innerhalb des Systems agiert, beschrieben, und dadurch in kleine handhabbare Stücke zerlegt. Man programmiert *objektorientiert* und sehr realitätsnahe. Die Komplexität ist implizit durch die Vielfalt der Komponenten, oder Objekte und deren Wechselwirkung gegeben, muß aber nicht explizit berücksichtigt werden.

Objektorientierte Computersprachen (OOP = *Object Oriented Programming*) werden beim prozeßorientierten Ansatz eingesetzt; representative Beispiele sind SIMULA und SMALLTALK, aber auch Turbo Pascal erlaubt mit einer kleinen Ergänzung, die nun näher beschrieben wird, diesen prozeßorientierten Programmstil.

## 2.1 Das SIMULA Paradigma

Wir betrachten zunächst die Simulationsphilosophie, wie sie in der sehr innovativen und leistungsfähigen Sprache SIMULA-67 [7] realisiert ist. Sie dient nämlich als Vorbild für unseren prozeßorientierten 'Aufsatz', der in Turbo Pascal geschrieben wurde und mit im Softwarepaket zur Verfügung steht.

Der grundsätzliche Objekttyp bei der Erstellung eines prozeßorientierten Simulationsprogramms ist, wen wundert's, der *Prozeß* . Prozesse sind diejenigen in sich abgeschlossenen[1] Komponenten der Simulation, die sich zeitlich verändern. Sogenannte Objektmuster (in SIMULA *Klassen* in Turbo Pascal schlicht *Objekte* genannt) werden mit entsprechenden Attributen und Methoden ausgestattet. Abbildung 2.2 zeigt als Beispiel eine Objekthierarchie für die in einer Räuber-Beute-Simulation beteiligten Prozesse. Gemeinsame Attribute und Methoden der Raub- bzw. Beutetiere werden von einem Stammobjekt *Biest* geerbt, das wiederum Nachfahr des Grundobjekttyps *Process* ist. Aus den Objektmustern werden dann Kopien oder *Inkarnationen* (Engl. *instances*) 'gestanzt', die als Prozesse aktiv an der Simulation teilnehmen.

Das wesentlichste Attribut eines jeden Prozesses ist seine *Planzeit.* Sie gibt die Zeit der nächsten Aktivierung des Prozesses an und wird von der sogenannten *Scheduler*-Routine verwaltet.

Ein Prozeß kann sich bezüglich seiner Planzeit in einem von vier Stadien befinden (Abbildung 2.3): *passiv*, d. h. vorläufig ohne Planzeit, *vorgemerkt*, d. h. mit einer Planzeit, die noch nicht aktuell ist, *aktiv*, d. h. der Prozeß hat unmittelbare Kontrolle des Rechners, und dessen Planzeit ist auch die augenblickliche Simulationszeit, und schließlich *terminiert.* Aktive Prozesse kommunizieren mit anderen Prozessen mittels Botschaften,[2] ändern nach Bedarf deren sowie ihre eigenen Planzeiten und geben schließlich die

---

[1] In der OOP-Sprache redet man von der *Kapselung.*

[2] Eine 'Botschaft' ist der Aufruf einer Methode.

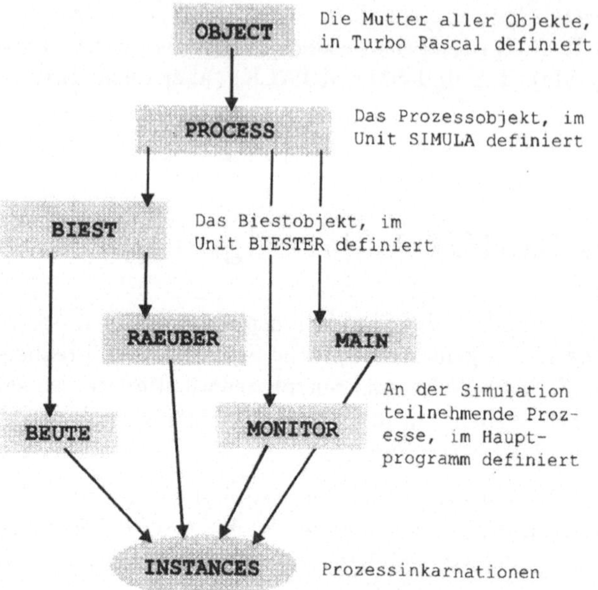


**Abbildung 2.2:** Objekthierarchie einer Räuber-Beute-Simulation.

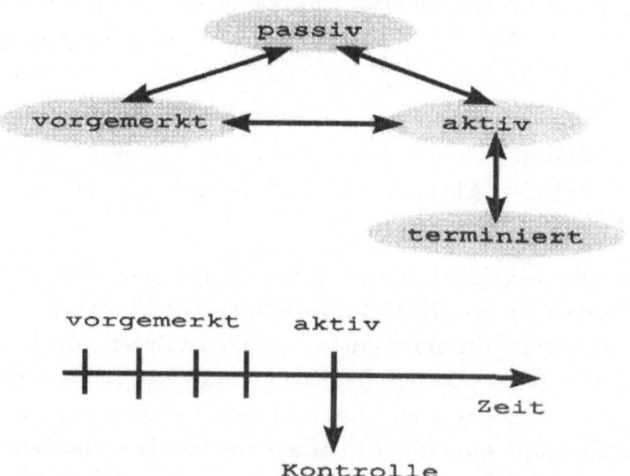


**Abbildung 2.3:** Ablauf der prozeßorientierten Simulation.

Kontrolle zurück an den Scheduler. Dieser aktiviert wiederum denjenigen vorgemerkten Prozeß mit der nächstkleinsten Planzeit und sorgt somit für das Fortschreiten der Zeit. Das schnelle Hin- und Herschalten zwischen einer Vielzahl gleichberechtigter Prozesse täuscht eine Parallelität im Rechenvorgang vor, die eigentlich gar nicht vorhanden ist. Die Simulation endet mit der Terminierung des letztvorgemerkten Prozesses.

## 2.2 SIMULA nachgeeifert

Die Sprache Turbo Pascal ist mit objektorientierten Strukturen reichlich ausgestattet. Was ihr aber bezüglich Prozeßorientierung fehlt, ist die Fähigkeit zur sogenannten *konkurrenten Programmierung* (Engl. *coroutining*). Im Gegensatz zur Bezeichnung 'Subroutine', die auf eine hierarchische Struktur zwischen Programm, Unterprogramm, Unterunterprogramm usw. hindeutet, impliziert das Wort *coroutine* eine Gleichberechtigung mehrerer, in sich abgeschlossener Programmteile, die mit elementaren Anweisungen, wie z. B. in SIMULA **detach** oder **resume**, Kontrolle ab- bzw. an eine andere Koroutine übergeben.

Da Turbo Pascal solche Strukturen nicht kennt, werden hier normale Subroutinen, also Prozeduren, anstelle von echten Koroutinen herangezogen. Jeder Prozedur, die als Teil eines Prozesses, d. h. als Koroutine dienen soll, wird zusätzlich ihr eigener Stack (= Stapel) sowie Programmzeiger zugeteilt.[3] Falls an einen anderen Prozeß die Kontrolle übergeben wird, bleibt somit der Zustand der verlassenen Koroutine bis zur nächsten Aktivierung erhalten. Für den ordentlichen Ablauf des Hin- und Herspringens zwischen Prozessen sorgt die Turbo Pascal Unit **simula**, das im Anhang detailliert beschrieben wird.

Die Programmierung im SIMULA-Stil sei mit dem einfachen Beispiel in Listing 2.1 illustriert:

Zunächst ist es zweckmäßig, die automatische Laufzeitüberprüfung für Stacküberlauf mit der Compiler-Anweisung **{$S-}** auszuschalten, da die Unit **simula** sehr unanständige Dinge mit den Stackzeigerregistern anstellt.

Nach dem mit **uses** erzeugten Hinzulinken von der Standardunit **crt** und von der Unit **simula** wird das Prozeßmuster **TtestProcess** mittels Objekttypendeklaration vereinbart, und zwar als Nachfahr des in der Unit **simula**

[3] Im Heapbereich realisiert.

```
program simbeisp;
{$S-}                         { Stackueberpruefung abschalten! }
uses crt,simula;              { SIMULA dazulinken }
                    { testProcess wird als Zeiger auf ein SIMULA
                      Prozessobjekt vereinbart }
type  testProcess  = ^TtestProcess;
      TtestProcess = object(Tprocess)
                          index: integer;
                          procedure eineMethode;
                     end;
{}
procedure TtestProcess.eineMethode;
begin
   writeln('Hier spricht '+id+' zum',index:4,'. Mal!')
end;
{}
var  process1,
     process2: testProcess; {Inkarnationen von testProcess-Objekten}
     main:     process;     {Das Hauptprogramm ist auch ein Prozess!}
{$F+}
procedure testProcess_coroutine; {Die Koroutine fuer testProcess}
{$F-}
var curr: process;
    thisProcess: testProcess absolute curr;
begin
   curr:= current;           { thisProcess zeigt nun auf den }
   thisProcess^.index:= 1;   { aktiven Prozessinstanz        }
   while true do begin
      thisProcess^.eineMethode;
      thisProcess^.index:= thisProcess^.index+1;
      thisProcess^.hold(1)   { Kontrolle abgeben             }
   end;
end;
{$F+}
procedure main_coroutine;  { Das Hauptprogramm als Koroutine }
{$F-}
begin
   new(process1,init('Prozess eins',testProcess_coroutine,400));
   new(process2,init('Prozess zwo ',testProcess_coroutine,400));
   process1^.activate;
   process2^.activate;
   current^.hold(5);                          { Kontrolle abgeben }
   writeln('Hier spricht ',current^.id,
            ' zur Zeit',time:8:3);            { Zurueckmelden     }
   repeat until keyPressed;
   halt                                       { Simulation beenden }
end;
{}
begin
   new(main,init('der Hauptprozess',main_coroutine,4000));
   main^.activate
end.
```

**Listing 2.1** Die Programmierung eines Prozesses mit der Unit **simula**.

deklarierten Grundtyps **Tprocess**. Gleichzeitig wird der Zeigertyp **testProcess** vereinbart als Zeiger auf **TtestProcess**, da alle Prozeßinkarnationen dynamisch in den Heap abgelegt und daher als Zeigertypen deklariert werden müssen.

Es folgt die Programmierung der einzigen 'Methode' des Prozesses, die hier lediglich eine Textzeile auf den Bildschirm schreibt.

Als Nächstes werden die zu erzeugenden Prozeßinkarnationen als Pascalvariable deklariert: **process1** und **process2**, vom Typ **testProcess** sowie **main**, der als Hauptprozeß dienen wird und vom Grundtyp **process** ist.

Die beiden (mit der Eigenschaft **far**) deklarierten Prozeduren **testProcess_coroutine** und **main_coroutine** stellen die mit den entsprechenden Prozessen zu verbindenen Koroutinen dar. Die etwas umständliche Verwendung der internen Variablen **thisProcess** in **testProcess_coroutine** ist leider notwendig, um die im Objekt **testProcess** vereinbarten Attribute und Methoden der Koroutine zugänglich zu machen. Die Koroutine für **testProcess** ist als unendliche Schleife realisiert, wobei die Methode **eineMethode** wiederholt aufgerufen und der Zähler **index** um eins vergrößert wird.

Nur zwei der zur Verfügung stehenden Steuerbefehle (genauer, Methoden des Objekts **process**) werden in **main_coroutine** verwendet: **activate**, um einen mit **new** erzeugten Prozeß zu aktivieren, und **hold()**, um vorübergehend Kontrolle an den Scheduler abzugeben. Außerdem wird die ebenfalls in der Unit **simula** definierte Funktion **time** aufgerufen, um die aktuelle Simulationszeit, d. h. die Planzeit des gerade aktiven Prozesses, auszugeben.

Mit der Anweisung **new** in **main_coroutine** wird Platz für die jeweiligen Prozeßinkarnationen auf dem Heap reserviert. Mittels Prozedur **init**, die verschachtelt innerhalb **new** aufgerufen wird, werden ein Kennzeichen (**id**), die entsprechende Koroutine, sowie die Größe des prozeßeigenen Stacks dem Prozeß zugeteilt.

Das eigentliche Hauptprogramm besteht schließlich aus nur zwei Zeilen: der Erzeugung des Hauptprozesses **main** und dessen Aktivierung.

Das Ergebnis dieses Beispielprogramms zeigt Abbildung 2.4. Die Kontrolle wird vom Hauptprozeß **main** abgegeben und abwechselnd von den anderen beiden Prozessen übernommen. Sobald die Planzeit von Prozeß **main** wieder aktuell wird, bekommt dieser abermals die Kontrolle, schreibt die aktuelle Zeit hin und sorgt dann für eine ordentliche Beendigung der 'Simulation'.

```
Hier spricht Prozess eins zum 1. Mal!
Hier spricht Prozess zwo zum 1. Mal!
Hier spricht Prozess eins zum 2. Mal!
Hier spricht Prozess zwo zum 2. Mal!
Hier spricht Prozess eins zum 3. Mal!
Hier spricht Prozess zwo zum 3. Mal!
Hier spricht Prozess eins zum 4. Mal!
Hier spricht Prozess zwo zum 4. Mal!
Hier spricht Prozess eins zum 5. Mal!
Hier spricht Prozess zwo zum 5. Mal!
Hier spricht der Hauptprozess zur Zeit 5.000
```

**Abbildung 2.4:** Ablauf des Beispielprogramms 2.1.

## 2.3 Das Räuber-Beute-System

Die Unit **biester** (siehe Anhang) stellt ein abstraktes Objekt **Tbiest** zur Verfügung, das uns nun als Basis einer prozeßorientierten Räuber-Beute-Simulation dienen wird. Ein 'Biest' wird als Nachfahr des Objekts **Tprocess** definiert, siehe Abbildung 2.2 und mit einigen Grundeigenschaften bzw. Fähigkeiten[4] ausgestattet. Die wesentlichsten davon sind:

- *Position* auf dem Bildschirm. Sie wird mit dafür vorgesehenen Methoden als kleiner Kreis dargestellt.
- *Fitness* oder Überlebensfähigkeit. Fitness nimmt ab mit jeder Bewegung oder bei Fortpflanzung, nimmt aber zu beim Fressen. Fällt sie unter Null, stirbt das Biest - leider.
- *Beweglichkeit.* Gesteuert durch vererbbare Gene, die u. U. Mutationen ausgesetzt sind. Der Bewegungsablauf ist per Zufallsgenerator bestimmt und je nach genetischem Material mehr oder weniger 'zappelig' oder ortsgebunden. Die Bewegungsgeschwindigkeit sinkt mit abnehmender Fitness.
- *Nahrungsaufnahme.* Per Zufallsgenerator bekommt jedes Biest ab und zu einen kleinen Fitnessnachschub, entsprechend einer unbegrenzten Nahrungsquelle. Die Methode kann in Nachfahrobjekte überschrieben werden, z. B. um Raubtiere zu simulieren.

[4] Genauer gesagt Attribute bzw. Methoden.

- *Fortpflanzung* durch Teilen. Da dieser Vorgang vom augenblicklichen Speicherplatz abhängt, muß er auf jeden Fall im Hauptprogramm programmiert werden. In der Unit **biester** ist nur eine 'Platzhalter'-Methode definiert.

Eine detailliertere Beschreibung der Unit **biester** ist im Anhang zu finden. Wir wenden uns aber gleich dem Hauptprogamm **rbsim.pas**, Listing 2.2, zu:

---

```
program rbsim;
{$S-}
uses crt,graph,xyplots,simula,biester;
const simulation_time   = 10000.0;
      maxBiester = 150;
      minBiester = 5;
type  beutetier = ^Tbeutetier;
      Tbeutetier = object(Tbiest)
                     procedure divide; virtual;
                     procedure die; virtual;
                   end;
      raubtier = ^Traubtier;
      Traubtier = object(Tbiest)
                         procedure eat; virtual;
                         procedure divide; virtual;
                         procedure die; virtual;
                     end;
var raeuber:     array[1..maxBiester] of raubtier;
    beute:       array[1..maxBiester] of beutetier;
    nRaeuber, nBeute: integer;
    main,monitor: process;
    aPlot,bPlot,cPlot: TxyPlot;
    meanGeneBeute,meanGeneRaeuber: array[1..6] of real;
{}
procedure Tbeutetier.divide;
var found: boolean;
    i,j: integer;
begin
    if (nBeute<0.5*maxBiester) or
         (0.5*random < (maxBiester-nBeute)/maxBiester)
    then begin
      j:=1;
      found:= false;
      repeat
         if beute[j]^.idle then found:= true else j:=j+1
      until found or (j>maxBiester);
      if found then begin
         beute[j]^.fitness := fitness div 2;
         beute[j]^.x:= x; beute[j]^.y:= y;
         for i:= 1 to 6 do beute[j]^.gene[i] := gene[i];
         if mutating then begin
            i:= 1+random(10); if i>6 then i:=1;
```

```
            beute[j]^.gene[i] :=
                        beute[j]^.gene[i] + 1 - random(3)
         end;
         beute[j]^.newGenes;
         fitness:= fitness div 2;
         beute[j]^.reactivate(at,time);
      end
   end
   else fitness:= fitness-1000
end;
{}
procedure Traubtier.divide;
var found: boolean; i,j: integer;
begin
   if nRaeuber<maxBiester then begin
      j:=1; found:= false;
      repeat
         if raeuber[j]^.idle then found:= true else j:=j+1
      until found or (j>maxBiester);
      if found then begin
         raeuber[j]^.fitness := fitness div 3;
         raeuber[j]^.x:= x; raeuber[j]^.y:= y;
         for i:= 1 to 6 do raeuber[j]^.gene[i] := gene[i];
         if mutating then begin
            i:= 1+random(10); if i>6 then i:=1;
            raeuber[j]^.gene[i] := raeuber[j]^.gene[i]
                                        + 1 - random(3)
         end;
         raeuber[j]^.newGenes;
         fitness:= fitness div 2;
         raeuber[j]^.reactivate(at,time);
      end
   end
end;
{}
procedure Traubtier.eat;
var i,r: integer;
    found: boolean;
begin
if random(1500) > fitness then begin
    i:= 1;
    found:= false;
    r:= 10+fitness div 200;
    repeat
       if (not beute[i]^.idle) and
          (abs(x-beute[i]^.x)<  r) and
          (abs(y-beute[i]^.y)<  r) then
                     found:= true else i:=i+1
    until found or (i>maxBiester);
    if found then begin
       fitness:= fitness+beute[i]^.fitness div 3;
       if fitness>1500 then fitness:= 1500;
       beute[i]^.fitness:= -100;
       beute[i]^.reactivate(at,time);
       if not sim_trace then begin
          setcolor(color);
          line(x,y,beute[i]^.x,beute[i]^.y);
          delay(20);
```

```
          setcolor(black);
          line(x,y,beute[i]^.x,beute[i]^.y);
        end
      end
end
end;
{}
procedure Tbeutetier.die;
var i: integer;
begin
   Tbiest.die;
   if nBeute=minBiester then monitor^.reactivate(at,time)
end;
{}
procedure Traubtier.die;
var i: integer;
begin
   Tbiest.die;
   if nRaeuber=minBiester then monitor^.reactivate(at,time)
end;
{}
{$I rbsim.inc}
{}
{$F+}procedure main_coroutine;{$F-}
var c: char; s: string; i: integer;
begin
   graphics;
   sim_graph:= true;
   randomize;
   new(monitor,init('*** monitor',
                    monitor_coroutine,16000));
   for i:= 1 to  maxBiester do begin
      str(i,s);
      new(beute[i],init('Beute'+s,biest_coroutine,200));
      new(raeuber[i],init('Raeuber'+s,biest_coroutine,200));
      beute[i]^.attributes(green,7,false);
      raeuber[i]^.attributes(red,7,false);
   end;
   for i:=1 to maxBiester div 5  do beute[i]^.activate;
   for i:=1  to maxBiester div 10 do raeuber[i]^.activate;
   nBeute:=   maxBiester div 5;
   nRaeuber:= maxBiester div 10;
   monitor^.activate;
   current^.hold(simulation_time);
   c:= readkey;
   closegraph;
   halt
end;
begin
   new(main,init('*** main',main_coroutine,16000));
   main^.activate
end.
```

**Listing 2.2** Eine Räuber-Beute-Simulation.

Zunächst werden die Prozeß-Objektmuster **Traubtier** und **Tbeutetier** als Nachfahren des oben beschriebenen Objekts **Tbiest** deklariert. Gleichzeitig werden entsprechende Zeigertypen (**raubtier** bzw. **beutetier**) auf sie ausgerichtet. Einige virtuelle Methoden des Biest-Objektes, insbesondere die Fortpflanzungs- (**divide**) und Fresseigenschaften (**eat**), werden hierbei artenspezifisch umdefiniert.[5]

Danach werden die an der Simulation teilnehmenden Prozeßinkarnationen als Variable deklariert: Zwei Arrays für die Raub- und Beutetiere (**raeuber** und **beute**), der Hauptprozeß **main**, und schließlich ein Prozeß namens **monitor**, der u. a. Statistik sammelt, für deren graphische Darstellung sorgt und die Tastatur nach Benutzerkommandos abfragt.

Es folgt die Programmierung der Methode **divide**, die für beide Tierarten ähnlich abläuft: Als erstes wird ein nichtaktives, eventuell früher aus dem Leben geschiedenes Tier derselben Spezies (Attribut **idle** = **true**, siehe Anhang) gesucht. Dieses bekommt dann die Hälfte der Fitness, sowie die Position und Mobilitätsgene der Mutter zugeteilt. Falls der Schalter **mutating** gesetzt ist, werden letztere per Zufall auch etwas verändert. Mit der Botschaft **reactivate** wird das neugeborene Kind von der Mutter geweckt und auf seinen unsicheren Weg durch die Welt geschickt. Um logistisches und nicht exponentielles Wachstum zu simulieren, wird im Falle der Beutetiere zu allererst per Zufallsgenerator entschieden, ob überhaupt eine Teilung stattfinden soll. Die Wahrscheinlichkeit hierfür nimmt mit zunehmender Bevölkerungszahl stetig ab, was zu einer langsamen Annäherung der Sättigungsgrenze führt.

Die Methode **eat** eines Raubtierobjekts ist denkbar einfach. Per Zufallsgenerator wird zuerst bestimmt, ob das Raubtier hungrig ist oder nicht. Wenn ja, wird geprüft, ob Beute innerhalb seiner Reichweite liegt, wobei die Reichweite des Raubtiers auch von seiner Fitness abhängt. Ist dies der Fall, so wird die entsprechende Beute verschlungen, und deren Fitness auf eine negative Zahl gesetzt. Das unglückliche Beutetier wird dann auch sofort reaktiviert, damit es feststellen kann, daß es nicht mehr unter den Lebenden weilt und sich entsprechend vom Bildschirm zu verabschieden hat.

Die Koroutine für den Monitorprozeß , die aus Platzgründen in Listing 2.2 nicht erscheint, aber in der Datei **rbsim.inc** zu finden ist, erledigt drei Aufgaben:

[5] Polymorphie im OOP-Jargon.

1. Als erstes wird dafür gesorgt, daß die Zahl der aktiven Biester nicht unter eine Schwelle **minBiester** sinkt (Zuwanderung von der Außenwelt). Damit eventuell gewonnener, evolutionärer Fortschritt nicht dabei verlorengeht, erhalten die neuerzeugten Tiere immer die gemittelten Gene ihrer noch lebenden (und daher vermutlich am erfolgreichsten) Artgenossen.

2. Die aktuellen Bestände werden als Zeitreihen, bzw. im sogenannten Zustandsraum gegeneinander gezeichnet, und das Genprofil, d. h. die mittleren Gen-Werte der aktiven Tiere, wird als Histogramm dargestellt.

3. Schließlich erfolgt dic Tastaturabfrage:

   **H** verursacht Programmabbruch durch vorzeitige Reaktivierung des Hauptprozesses,

   **I** 'infiziert' die Beutepopulation mit Weitwanderern,

   **C** löscht den Zustandsraum,

   **T** schaltet in Tracc-Modus um, schaltet die Graphik ab und zeigt den oberen Teil der aktuellen Prozeßschlange an, d. h. die nach Planzeit vorgemerkten Inkarnationen, die auf Kontrolle warten. Mit **E** wird der Modus wieder beendet, bzw. mit **H** das Programm ganz unterbrochen. Das Kommando **U** (Unleash) verursacht die automatische Abarbeitung der Schlange durch den Scheduler. Alle andere Tasten veranlassen eine schrittweise Abarbeitung.

Nach Erfüllung seiner Arbeiten, gibt der Monitor die Kontrolle mittels **hold(2)** ab, um sich nach 2 Zeiteinheiten wieder zu melden.

Das Hauptprogramm, im SIMULA-Stil als Prozeß **main** mit assoziierter Koroutine **main_coroutine** realisiert, schaltet den Graphikmodus ein und initialisiert den Zufallsgenerator. Es kreiert dann Inkarnationen der Monitor,- Räuber- und Beuteprozesse und aktiviert eine Anfangspopulation der Tiere sowie den Monitor. Mittels **hold(simulation_time)** meldet sich der Hauptprozeß dann ab, und sorgt bei seiner Wiederkehr nach Ablauf der Simulationszeit, bzw. bei Programmunterbrechung, für die ordentliche Terminierung des Geschehens.

Die Eigenschaften der Tiere können mit der Botschaft **attributes**, die drei Parameter aufnimmt, festgelegt werden:

**color: word**: die Farbe des Tiers auf dem Bildschirm.

**mobility: integer**: der Wert des ersten 'Gens'. Kleine Zahlen ($\sim 1$) entsprechen zappeligen Tieren, die nur langsam vom Ort ihrer Erzeugung wegkommen, grössere Zahlen ($\sim 7$) erzeugen richtige Weitwanderer.

**mutating: boolean**: der Wert **false** setzt den Mutationsvorgang aus. Das Genprofil der Bevölkerung wird auf den Anfangswert eingefroren.

Schließlich besteht das Pascal - Hauptprogramm wie im vorherigen Beispiel lediglich aus der Erzeugung des Prozesses **main** und dessen Aktivierung.

## 2.4 Simulationsversuche

Das Programm **rbsim.pas** stellt die Welt als eine rechteckige Ebene am Bildschirm dar. Eigentlich handelt es sich um eine *torusförmige* Welt, die zwecks Darstellung auseinandergeschnitten und plattgedrückt wurde. Um sie im Geiste wieder herzustellen, muß der rechte Rand auf den linken gelegt und das daraus entstandene Rohr in eine Art Reifen gebogen werden: Die Welt der Biester, wie unsere auch, ist endlich.[6] Die im Programm 2.2 voreingestellten Parameter der **attributes**-Methode, also Beweglichkeit 7 und Mutation ausgeschaltet, sorgen für eine gute Durchmischung der beiden Populationen. Das Ergebnis eines typischen Simulationslaufs zeigt Abbildung 2.5.

In der Tat beobachtet man ziemlich regelmäßige Schwankungen, wie bei dem dynamischen Modell (1.9) vorausgesagt, Abbildung 1.4. Daß die Regelmäßigkeit nicht ganz der des Modells entspricht, soll uns nicht zu sehr überraschen, da die Statistik, m. a. W. die Zahl der teilnehmenden Prozesse, sehr klein ist (**maxBiester** = 150). Siehe [9] für eine sehr detaillierte Untersuchung eines ähnlichen Systems.

In der graphischen Darstellung bei Abbildung 2.5 werden die beiden Populationen auch gegeneinander aufgetragen. Diese Betrachtungsweise wird uns in den kommenden Kapiteln sehr beschäftigen. Hier beobachten wir ganz grob einen zyklischen Pfad des Systemzustandes, dargestellt als ein mit der Zeit wandernder Punkt im *Zustandsraum*. Ein solches Phänomen wird *Grenzzyklus* bzw. *Attraktor* genannt, sie sind Hauptthemen des fünften Kapitels.

[6] Kann man das Gezappel am Bildschirm als 'künstliches Leben' bezeichnen? Wohl kaum, aber siehe [8] für eine faszinierende Einführung in das Thema.

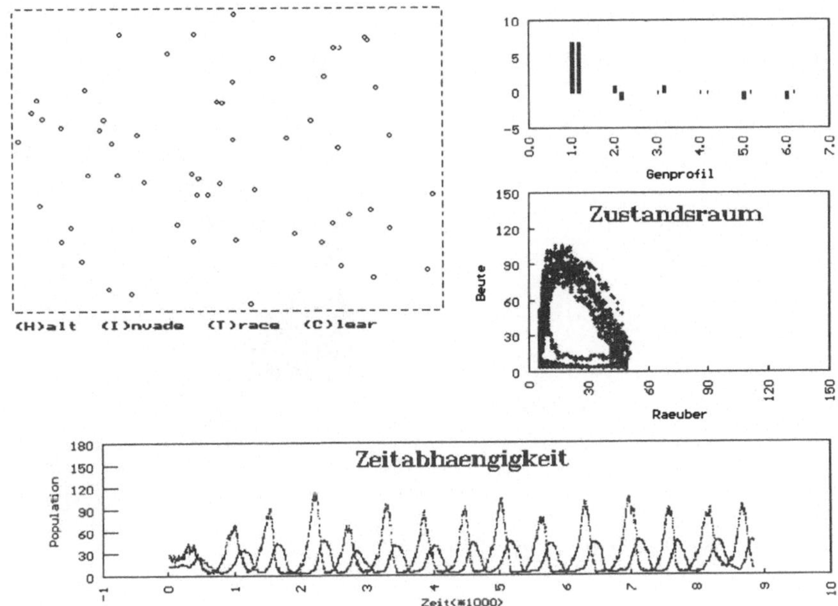


**Abbildung 2.5:** Erste Simulation des Räuber-Beute-Modells.

Bei einem erneuten Versuch, wobei die Botschaften

```
beute[i]^.attributes(green,3,false)
raeuber[i]^.attributes(red,7,false)
```

an die Tierpopulationen gesendet werden, erscheinen die Fluktuationen sehr unregelmäßig, siehe Abbildung 2.6. Da die Beutetiere lokalisiert bleiben, spielen räumliche Effekte hier die dominierende Rolle, Effekte, die in den Modellen vom ersten Kapitel keine Berücksichtigung fanden.

Um die Anpassungsfähigkeit der mutationsinduzierten Evolution zu demonstrieren, sendet man z. B. folgende Botschaften an die Anfangspopulationen:

```
beute[i]^.attributes(green,3,false)
raeuber[i]^.attributes(red,3,true).
```

Damit sind die Beutetiere wieder dazu verdammt, in alle Ewigkeit 'Zappeler' zu bleiben; die Raubtiere dagegen können sich ihrer Bewegung anpas-

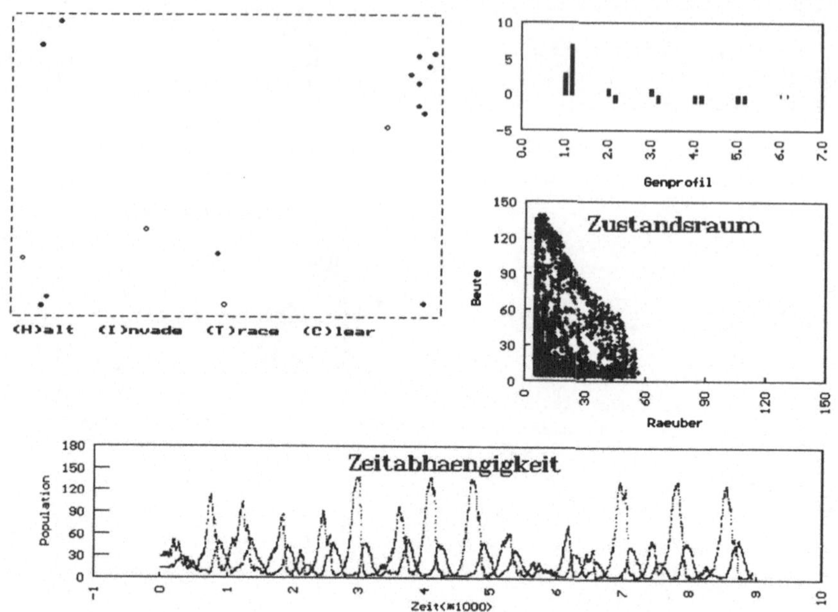


**Abbildung 2.6:** Zweite Simulation des Räuber-Beute-Modells.

sen. Allerdings erfordert dieser Versuch, je nach Taktfrequenz des Mikroprozessors, einiges an Geduld, da manchmal viele Generationen notwendig sind, um eine sinnvolle Anpassung zu erzielen.[7] Abbildung 2.7 zeigt ein typisches Resultat.

Zunächst wächst die Zahl der Beutetiere sehr schnell bis zur 'Sättigung' an, und sie sind danach in der Lage, eine kleine, leicht fluktuierende Population von ineffizienten (d. h. ebenfalls zappeligen) Räubern zu tragen. Jedoch entwickeln sich durch die 'natürliche' Selektion langsam Räuber mit immer größerer Reichweite. Vor lauter Effizienz erleben diese bald eine Bevölkerungsexplosion und fressen ihre eigene Nahrungsgrundlage weg. Danach ist die Stabilität des Weltchens endgültig hin. (Die Lehre, die hieraus zu ziehen wäre, ist vielleicht zu plump, um erwähnt zu werden.)

Eigentlich ist nur die Stabilität der *Tierbestände* hin. Die *Verhaltensweisen* der Tiere, z. B. das Zappeln der Beute, können u. U. sogenannte *evolutionsstabile Strategien* (ESS) darstellen.

[7] Nach dem Hofstadterschen Gesetz [10], das lautet: *Es dauert immer länger als du denkst, auch unter Berücksichtigung des Hofstadterschen Gesetzes.*

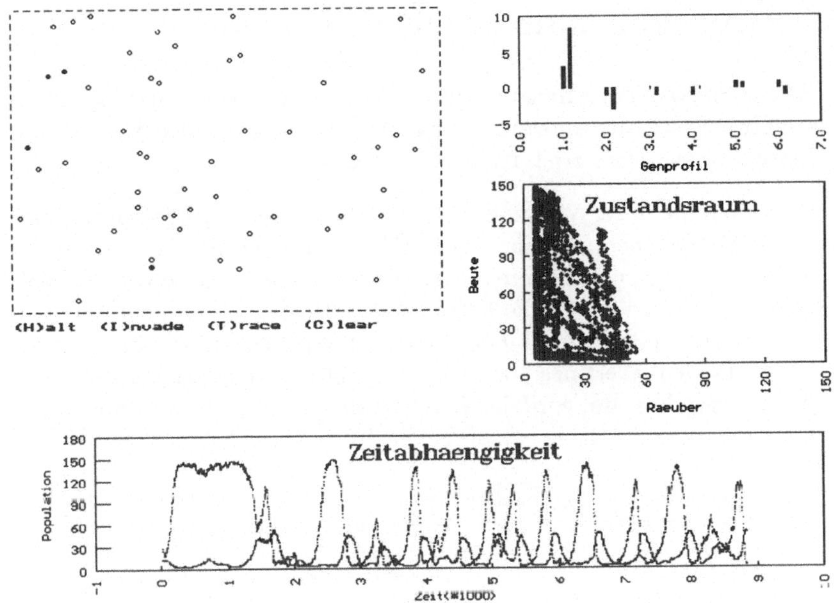


**Abbildung 2.7:** Dritte Simulation des Räuber-Beute-Modells.

Um dies zu demonstrieren, wiederholen wir den letzten Versuch, aber mit der Mutation für beide Spezies ausgeschaltet. Warten wir bis zur Sättigung der Beutepopulation und drücken dann auf '(I)nvade'. Circa zwanzig Prozent der Beutetiere werden nun schlagartig zu 'Weitwanderern' gekürt (auch als offene Kreise zu erkennen) und konkurrieren dann mit ihren Artgenossen um Nachwuchs. Aber nach kurzer Zeit sind sie wieder ausgestorben. Sie gelangen öfter in das Revier eines Räubers, als ihrer Gesundheit förderlich ist. Überdies erleben wiederholte 'Invasionen' das gleiche Schicksal: Die ursprüngliche Strategie ist gegenüber derartigen Störungen stabil.

Die Dynamik und Stabilität von Verhaltensstrategien ist ein Thema des sechsten Kapitels.

## 2.5 Übungen zum zweiten Kapitel

1. Zeigen Sie, daß Fortpflanzung durch Teilung zum exponentiellen Wachstum mit Systemparameter $r = \ln 2/\Delta t$ führt, wobei $\Delta t$ der mittleren Zeitdauer zwischen zwei Teilungen entspricht.

2. Schreiben Sie unter Verwendung der Unit **simula** ein Programm, um $N$ linear geordnete Folgen ganzer Zahlen zu einer einzigen linear geordneten Folge zu verschmelzen. *Hinweis:* Jeder Folge soll ein Prozeß zugeordnet werden, der die Folge, z. B. $a[1], a[2], \ldots a[n]$, einliest, um sie dann mittels einer Schleife wieder auszugeben, und zwar zu einer 'Zeit', die dem Wert des jeweiligen Folgengliedes entspricht. Falls alle $N$ Prozesse dies tun, wird das Ergebnis die gewünschte verschmolzene lineare Folge sein. Eine entspechende Koroutine hierfür wäre:

```
{$F+} procedure folge_koroutine {$F-}
var: N,i: integer; a: array[1..100] of integer
begin
   read(inFile,N);               { Laenge der Folge einlesen }
   for i:= 1 to N do read(infile,a[i]);  { Folge einlesen }
   for i:=1 to N do with current^  do begin
      reactivate(at,a[i]);       { warten, bis es soweit ist }
      write(a[i])                { ausgeben }
   end;
   current^.passivate   { sich aus der Schlange entfernen }
end;
```

3. Als weiterer Versuch mit **rbsim.pas** kann man die Anpassungsfähigkeit beider Tierarten entfesseln, z. B. mit

```
beute[i]^.attributes(green,3,true)
raeuber[i]^.attributes(red,3,true)
```

   Wiederum nehmen die Räuber immer größere Reviere für sich in Anspruch, die Beutetiere hingegen entwickeln manchmal (nicht immer!) eine extreme Gegenstrategie: Bald 'zittern' sie an Ort und Stelle in kleinen Kolonien, wohl in der Hoffnung, von den weitschweifenden, aber blinden Raubtieren verschont zu bleiben.

4. Modifizieren Sie **rbsim.pas**, um drei Spezies zu simulieren, z. B. fügen Sie eine zweite Raubtierart hinzu, die die ersten Raubtiere frißt.

# Kapitel 3

# Qualitative Dynamik

*The first morning of creation wrote*

*What the last dawn of reckoning shall read!*

- E. Fitzgerald nach Omar Khayyàm

Fassen wir die Ergebnisse der ersten beiden Kapitel kurz zusammen: Wechselwirkungen zwischen Individuen auf der mikroskopischen Ebene, die rein zufälliger Natur sind, führen auf der makroskopischen Ebene zu einem dynamischen Verhalten, das durch deterministische Gesetze, d. h. Differentialgleichungen, beschreibbar ist. Die makroskopischen Größen, die das System kennzeichnen, sind die Populationszahlen und werden *Zustandsvariablen* genannt. Der augenblickliche Zustand eines Systems mit zwei Zustandsvariablen kann als Punkt in einem zweidimensionalen *Zustandsraum* charakterisiert werden, seine Dynamik als das Durchmessen des Zustandsraums.

Wir haben im ersten Kapitel das dynamische Verhalten der Modelle als eine Zeitabhängigkeit der Zustandsvariablen betrachtet, was natürlich naheliegend und auch sinnvoll ist, falls wir das Modell mit irgendwelchen experimentellen Beobachtungen vergleichen wollen. Aber um dynamische Systeme auf einer übergeordneten Ebene studieren zu können, ist die Zustandsraumdarstellung viel nützlicher.

## 3.1 Der Zustandsraum und seine Erkundung

Zu einem beliebigen Zeitpunkt ist das Konkurrenzsystem (1.8), bzw. das Räuber-Beute-System (1.9) durch die Angabe der zwei Zustandsvariablen $Z_1$ und $Z_2$ vollständig beschrieben . Kennen wir sie zu diesem Zeitpunkt, so kennen wir auch *alles wissenswerte* über das System. Falls wir bereit sind, die Bevökerungszahlen als kontinuierliche Variablen zu betrachten, sind die Zustände solcher Systeme darstellbar als ein einziger geometrischer Punkt in einer zweidimensionalen Fläche (Abbildung 3.1).

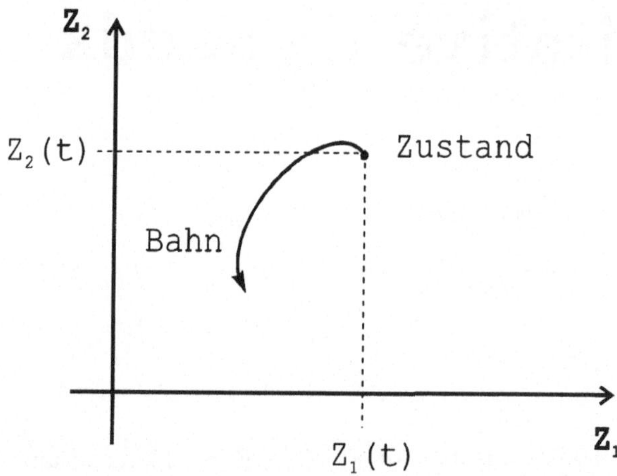


**Abbildung 3.1:** Ein Zustandsraum für (1.8) bzw. (1.9).

Die zeitliche Entwicklung des Systems, d.h. seine Dynamik, stellen wir uns vor als eine Bewegung des Punktes durch den Zustandsraum: eine *Bahn* (Engl. *orbit, path*).

Diese Darstellungsweise ist außerordentlich wichtig. Die Verwendung der Geometrie (genauer gesagt der Topologie) des Zustandsraums, um dynamische Systeme zu analysieren und zu klassifizieren, geht zurück auf die Arbeiten Henri Poincarés (1854-1912) um die Jahrhundertwende.[1] Später geriet seine Forschung über die nichtlineare Dynamik etwas in Vergessenheit. Die großen Fortschritte in der Naturwissenschaft des 19. und 20. Jahrhunderts wie in der klassischen Mechanik, Elektrodynamik und Quan-

[1] Seine ursprüngliche Fragestellung: Ist das Sonnensystem stabil? Siehe [11], Kapitel 4, für eine sehr unterhaltsame Darstellung.

tenmechanik waren allesamt im *linearen* Bereich. Nichtlineare Systeme wurden als exotische Ausnahmen betrachtet. Man tat sogar, als ob alle wesentlichen Phänomene der Welt mit linearen Approximationen hinreichend beschreibbar waren. Kein Wunder, denn die nichtlinearen Differentialgleichungen, wie wir schon anhand zweier Beispiele gesehen haben, waren zum überwiegenden Teil nicht analytisch lösbar. Es gab für sie zwar numerische Lösungsverfahren, aber keine Computer, um sie in einer vernünftigen Zeit auszuführen!

Erst der Einzug des Digitalrechners und die aufregende Entdeckung von komplexem Verhalten in einfachen, nichtlinearen Systemen führte zur Wiederentdeckung von Poincarés Arbeit und zur rapiden Entwicklung der sogenannten *qualitativen Dynamik*, das Hauptthema dieses Buches.

Eine auf der Diskette zur Verfügung stehende 'Simulationsumgebung' ist den Programmbeispielen im ersten Kapitel nachempfunden. Sie ist in den Dateien **dsolve.pas** bzw. **dsolve.inc** enthalten und wird mit der Anweisung

```
uses dsolve;
```

in ein Hauptprogramm eingebunden. Diese Umgebung hat einige Vorzüge:

- Sie erlaubt die bequeme Erforschung des Zustandsraumes, z.B. die Dateneingabe mittels Maus.
- Dank ihrer objektorientierten Struktur ist sie flexibel und modellunabhängig. Der Benutzer braucht im wesentlichen nur die Modellgleichungen zu programmieren.
- Sie ist zuverlässig und verwendet 'professionelle' Algorithmen für die Integration der Differentialgleichungen (Runge-Kutta-Verfahren), sowie für die Frequenzanalyse (Fast Fourier Transform). Mehr hierzu am Ende dieses Kapitels.

Eine detaillierte Erklärung dieser Unit, ihrer Handhabung sowie anderer darin enthaltener 'goodies' befindet sich im Anhang. Die Programmierung des Konkurrenzmodells (1.8) mit Hilfe von **dsolve** ist in Listing 3.1 illustriert und im folgenden erklärt.

```
program kkurrenz;
{}
uses graph,dsolve;
{}
const r      = 1;    { Wachstumsrate fuer Z[1] }
      s      = 1;    { Ditto for Z[2] }
      K      = 1;    { Saettigung fuer Z[1] }
      L      = 1;    { Ditto for Z[2] }
      alpha = 0.8;  { Konkurrenzfaktor fuer Z[1] }
      beta  = 0.8;  { Ditto for Z[2] }
{}
type TcompetitionModel = object(Tsimulation)
       procedure equations(t: real; Z: array4;
                           var dZdt: array4); virtual;
       procedure draw; virtual;
     end;
{}
procedure TcompetitionModel.equations;
begin
   dZdt[1]:= r*Z[1]*(1-Z[1]/K) - alpha*Z[1]*Z[2];
   dZdt[2]:= s*Z[2]*(1-Z[2]/L) - beta*Z[1]*Z[2];
end;
{}
procedure TcompetitionModel.draw;
begin
{ Isoklinen }
   drawLine(0,L,s/beta,0,yellow);
   drawLine(0,r/alpha,k,0,yellow);
{ Eigenvektoren }
   if (s=1) and (r=1) and (K=1) and (L=1) and
                         (alpha=beta) then begin
    drawLine(1/(1+alpha)-0.2,1/(1+alpha)-0.2,
       1/(1+alpha)+0.2,1/(1+alpha)+0.2,red);
    drawLine(1/(1+alpha)-0.2,1/(1+alpha)+0.2,
       1/(1+alpha)+0.2,1/(1+alpha)-0.2,red)
   end
end;
{}
var competitionModel: TcompetitionModel;
{}
begin
   with competitionModel do begin
      initialize(0,1,0,1,100,2,1,'KONKURRENZ');
      go
   end
end.
```

**Listing 3.1** Die Programmierung des Konkurrenzmodells mit der Unit **dsolve**.

Die Systemparameter $r$, $s$, $K$, usw. werden einfach als Pascalkonstante vereinbart. Da alles aus der Turbo - Pascal - Entwicklungsebene gestartet wird, ist dies die bequemste Methode, zeitkonstante Größen einzugeben. Unsere modellspezifische Simulation wird **TcompetitionModel** genannt und als Nachfahr des abstrakten, in der Unit **dsolve** definierten Objekttyps **Tsimulation** vereinbart. Dabei wird die Platzhalter-Prozedur bzw. -Methode **equations** mit den Gleichungen des Konkurrenzmodells überschrieben. Ebenfalls überschrieben wird die virtuelle Prozedur **draw**, um Referenzlinien im Zustandsraum zu erzeugen (mehr dazu gleich). Nachdem eine einzige Inkarnation des Objekttyps namens **competitionModel** als Variable definiert wird, besteht das Hauptprogramm aus zwei Botschaften bzw. Aufrufen von Methoden:

**initialize(...)** gibt Plotbereich, Simulationszeit, Dimensionalität, die als Zeitfunktion darzustellende Zustandsvariable, sowie Titel vor.

**go** startet die interaktive Umgebung.

Am Bildschirm erscheinen zwei Plotbereiche. Der untere, mit dem Mauskursor, ist der Zustandsraum; der andere wird die aktuelle Zeitabhängigkeit der mit **initialize** ausgewählten Variablen präsentieren. Ein Mausklick an einem beliebigen Punkt im Zustandsraum setzt die numerische Lösung der Modellgleichungen in Gang, und eine Bahn wird erzeugt, deren Anfangsbedingungen von der Position der Maus entnommen werden. Gleichzeitig wird die Zeitabhängigkeit der in **initialize** gewählten Zustandsvariablen dargestellt. Ein zweites Klicken stoppt die Rechnung, und eine neue Bahn kann gestartet werden. So läßt sich die Struktur des Zustandsraums bequem untersuchen.

Ein Mausklick außerhalb des unteren Plotbereichs löscht den Zustandsraum, ein zweites beendet das Programm. Falls die Simulationszeit ohne Unterbrechung erreicht wird, erzeugt **dsolve** eine Frequenzanalyse der gewählten Zustandsvariablen, die man wiederum mit der Maus genauer untersuchen kann, siehe Anhang. Da aber die Zeitabhängigkeit des Konkurrenzmodells fast ohne Struktur ist, ist das Frequenzspektrum hier soweit uninteressant.

Ein typisches Ergebnis, erzielt mit den voreingestellten Systemparametern, $r = s = K = L = 1$, $\alpha = \beta = 0,8$, zeigt Abbildung 3.2.

Alle Bahnen laufen auf den Schnittpunkt der vier Referenzlinien zu, der einem *stabilen Fixpunkt* oder *stabilen Gleichgewicht* des dynamischen Systems entspricht.

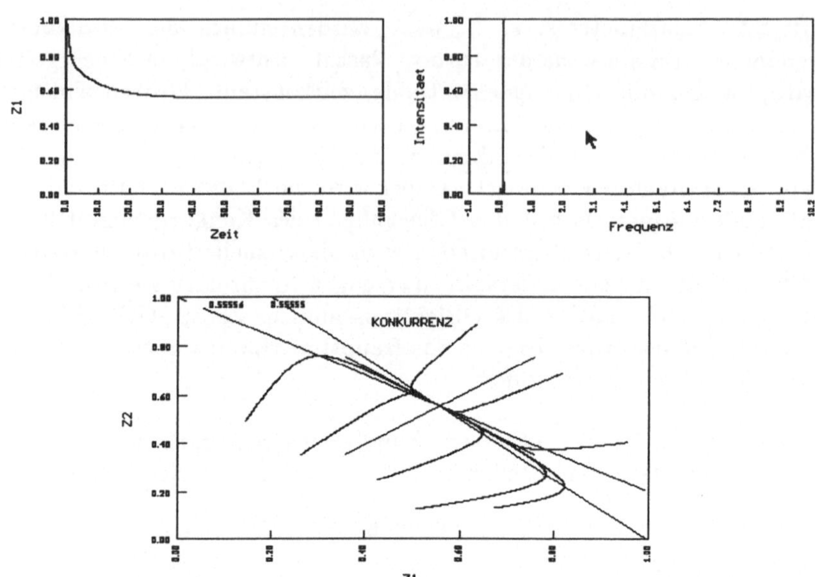


**Abbildung 3.2:** Arbeiten in der DSOLVE-Umgebung

Die mit **draw** am Bildschirm erzeugten gelben Linien sind sogenannte *Isoklinen.* Wie der Name andeutet, handelt es sich hierbei um *Linien konstanter Steigung*: In diesem Fall verbinden sie im Zustandsraum alle Punkte, an denen die momentane Steigung der Bahnen entweder Null oder unendlich ist. Die roten Linien entsprechen *lokalen Eigenvektoren*, die das Verhalten des dynamischen Systems in der Nähe des Fixpunktes charakterisieren. Isoklinen, Eigenvektoren u. v. a. m. sind Themen des nächsten Kapitels, also wird der Leser noch um etwas Geduld gebeten.

Eine grundsätzliche Änderung im Langzeitverhalten des Systems wird hervorgerufen, falls wir die Intensität des Wettkampfs erhöhen, z. B. mit $\alpha = \beta = 1.5$. Nun gibt es zwei stabile Endzustände, entsprechend der Ausrottung einer der beiden Spezies. Welcher erreicht wird, hängt von den Anfangsbedingungen ab. Eine *Bifurkation* hat stattgefunden, siehe Kapitel 5. Noch spielt aber der an der Kreuzung der Referenzlinien liegende Fixpunkt eine besondere Rolle: die Bahnen scheinen zuerst dorthin 'angezogen' zu werden, um sich dann von ihm wieder hastig zu distanzieren. Es handelt sich hier um einen *Sattelpunkt*, nur eine von vielen Kreaturen,[2] die sich im Zustandsraum nichtlinearer Systeme verstecken.

## 3.2 Determinismus

Die dynamischen Trajektorien oder Bahnen, die wir eben am Bildschirm erzeugten, werden formell als *parametrische Kurven in zwei Dimensionen* bezeichnet, wobei der hiermit gemeinte Parameter die Zeit ist. Ein Punkt entlang einer Bahn zur Zeit $t$ besitzt Koordinaten $(Z_1(t), Z_2(t))$. Durch einen Mausklick erzeugten wir einen *Anfangspunkt* $(Z_1(t=0), Z_2(t=0))$, und **dsolve** rechnete dann die Bahn, also die $Z_1(t)$- und $Z_2(t)$-Werte für $t > 0$ durch. Diese Bahn ist eine numerische Approximation einer spezifischen Lösung des Differentialgleichungssystems (1.8).

Dynamische Systeme der Form (1.8) können wir ganz allgemein als

$$\begin{aligned} \dot{Z}_1(t) &= f_1(Z_1, Z_2) \\ \dot{Z}_2(t) &= f_2(Z_1, Z_2) \end{aligned} \tag{3.1}$$

schreiben. Die Funktionen $f_1$ und $f_2$ in (3.1) sind beliebig, aber 'wohlverhaltend'. Hiermit meint der Mathematiker *stetig differenzierbar*, wir können uns aber getrost mit dem Adjektiv *glatt* begnügen. Man spricht von *differenzierbaren deterministischen Systemen*. [12]

Mit der Bezeichnung *deterministisch* umschreibt man einen Grundsatz der Theorie der Differentialgleichungen. Dieser besagt, daß die Lösungen, die von einem Anfangspunkt ausgehen - also die Bahnen im Zustandsraum -, *eindeutig* sind. Für den gegebenen Anfang ist die Zukunft, wie von Herrn Khayyàm so leidenschaftlich verkündet, für immer festgelegt. (Die Vergangenheit übrigens auch, da $t < 0$ erlaubt ist.)

Aus dem Determinismus im obigen Sinne lassen sich drei wichtige Schlußfolgerungen bezüglich des Zustandsraums ziehen:

1. Zwei Bahnen können sich nicht kreuzen oder berühren, und eine Bahn sich selbst auch nicht. Wäre dies der Fall, könnten wir den Schnitt- bzw. Kontaktpunkt als Anfangsbedingung wählen. Das System hätte dann zwei alternative Zukünfte bzw. Vergangenheiten und wäre somit eben nicht deterministisch.

[2] Einige davon sind geradezu unvorstellbar exotisch, aber wir wollen natürlich nicht vorgreifen!

2. Ein Fix- oder Gleichgewichtspunkt kann nicht in endlicher Zeit erreicht werden. Derartige Punkte haben wir gesehen, oder besser, in der Simulation des Konkurrenzmodells geahnt. Nun entspringt eine triviale, aber wohldefinierte Bahn einem Anfangspunkt, der genau identisch ist mit einem solchen Fixpunkt. Per Definition bleibt das System unverändert stehen, und die 'Bahn' besteht aus einem einzigen Punkt. Eine beliebige andere Bahn, ausgehend von anderen Anfangsbedingungen, die sich auf die erste zubewegt, darf diese offensichtlich nicht in endlicher Zeit erreichen, da sonst Folgerung 1 verletzt wäre.

3. Ein periodisches dynamisches System erzeugt eine geschlossene Kurve im Zustandsraum. Periodisch bedeutet für das System (3.1)

$$Z_1(t_0) = Z_1(t_0 + T), \; Z_2(t_0) = Z_2(t_0 + T)$$

für irgendein Zeitintervall $T > 0$. Da die Bahnen, die von $t_0$ bzw. $t_0 + T$ ausgehen, identisch sein müssen, ensteht eine geschlossene Kurve.

Im fünften Kapitel kommen wir zum Thema Determinismus zurück. Dort werden wir sehen, welchen tiefen und mysteriösen Einfluß die *Dimension* des Zustandsraums auf das mögliche Verhalten eines dynamischen Systems ausübt.

## 3.3 Etwas Handwerkszeug

Zum Schluß des Kapitels werden einige wichtige Techniken (Neudeutsch: *Tools*) eingeführt, die bei der Untersuchung der nichtlinearen Dynamik von Nutzen sind und in den folgenden Kapiteln häufig verwendet werden. Wir fangen mit der *Taylorschen Reihe* an, einem alten, einfachen aber unglaublich wirksamen Werkzeug.

### 3.3.1 Taylor-Reihen

Wir verwenden die Schreibweise

$$f_x(x_0) \equiv \left[\frac{d}{dx} f(x)\right]_{x=x_0},$$

also $f_x(x_0)$ ist die erste Ableitung der Funktion $f(x)$, am Punkt $x = x_0$ ausgewertet. Beispielsweise für $f(x) = x^2$, ist $f_x(x) = 2x$, und es gilt

$f_x(0) = 0, f_x(1) = 2$, usw. Höhere Ableitungen werden ähnlich dargestellt, z. B.

$$f_{xx}(x_0) \equiv \left[\frac{d^2}{dx^2}f(x)\right]_{x=x_0}$$

usw. Für eine Funktion zweier unabhängiger Variablen $f(x,y)$ ist diese Schreibweise besonders bequem:[3]

$$f_x(x_0,y_0) \equiv \left[\frac{\partial}{\partial x}f(x,y)\right]_{x=x_0,y=y_0},$$

$$f_y(x_0,y_0) \equiv \left[\frac{\partial}{\partial y}f(x,y)\right]_{x=x_0,y=y_0},$$

$$f_{xx}(x_0,y_0) \equiv \left[\frac{\partial^2}{\partial x^2}f(x,y)\right]_{x=x_0,y=y_0},$$

$$f_{xy}(x_0,y_0) \equiv \left[\frac{\partial^2}{\partial x \partial y}f(x,y)\right]_{x=x_0,y=y_0}$$

und so fort. Beispielsweise, $f(x,y) = xy^2$, $f_y(x,y) = 2xy$ und $f_y(1,2) = 4$.

Von der Definition des Differentialkoeffizienten ausgehend,

$$f_x(x_0) = \lim_{h\to 0}\frac{f(x_0+h)-f(x_0)}{h},$$

sei $x = x_0 + h$ 'in der Nähe von' $x_0$, d.h.

$$h = x - x_0 \ll 1.$$

Dann können wir als Näherung schreiben

$$f_x(x_0) \approx \frac{f(x)-f(x_0)}{x-x_0}$$

oder

$$f(x) \approx f(x_0) + (x-x_0)f_x(x_0).$$

Wir erhalten somit die ersten beiden Glieder der Taylorschen Reihenentwicklung[4] der Funktion $f(x)$ um den Punkt $x_0$. Die Formel lautet weiter

$$f(x) = f(x_0) + (x-x_0)f_x(x_0) + \frac{(x-x_0)^2}{2!}f_{xx}(x_0) + \frac{(x-x_0)^3}{3!}f_{xxx}(x_0) + \dots \quad (3.2)$$

[3] Der Leser soll sich nicht von partiellen Ableitungen verunsichern lassen. $\frac{\partial}{\partial x}f(x,y)$ heißt, differenziere $f(x,y)$ bezüglich $x$ bei *konstantem* $y$. Nichts könnte einfacher sein.

[4] Nach dem englischen Mathematiker Brook Taylor (1685-1731).

Die Verallgemeinerung für zwei unabhängige Variablen ist gegeben durch

$$\begin{aligned} f(x,y) =& f(x_0,y_0) + (x-x_0)f_x(x_0,y_0) + (y-y_0)f_y(x_0,y_0) \\ &+ \frac{(x-x_0)^2}{2!}f_{xx}(x_0,y_0) + \frac{(y-y_0)^2}{2!}f_{yy}(x_0,y_0) \\ &+ (x-x_0)(y-y_0)f_{xy}(x_0,y_0) + \dots . \end{aligned} \tag{3.3}$$

Unter ganz allgemeinen Voraussetzung konvergieren Taylor-Reihen recht schnell gegen den zu approximierenden Funktionswert.

Als kleine Übung schreiben wir die Taylorsche Reihe für die periodischen Funktionen $\sin(x)$ und $\cos(x)$ um $x_0 = 0$ hin:

$$\begin{aligned} f(x) &= \sin(x) & f(x_0) &= 0 \\ f_x(x) &= \cos(x) & f_x(x_0) &= 1 \\ f_{xx}(x) &= -\sin(x) & f_{xx}(x_0) &= 0 \\ f_{xxx}(x) &= -\cos(x) & f_{xxx}(x_0) &= -1 \\ &\vdots \end{aligned}$$

$$\begin{aligned} f(x) &= \cos(x) & f(x_0) &= 1 \\ f_x(x) &= -\sin(x) & f_x(x_0) &= 0 \\ f_{xx}(x) &= -\cos(x) & f_{xx}(x_0) &= -1 \\ f_{xxx}(x) &= \sin(x) & f_{xxx}(x_0) &= 0 \\ &\vdots \end{aligned}$$

Die Taylor-Reihen sind also

$$\begin{aligned} \sin(x) &= x - \frac{x^3}{6} + \dots \\ \cos(x) &= 1 - \frac{x^2}{2} + \cdots . \end{aligned}$$

Nun betrachten wir die - etwas eigenartige - Funktion $e^{ix}$, wobei $i = \sqrt{-1}$ die *imaginäre Einheit* ist, die wir formell wie eine Konstante behandeln. Es gilt

$$\begin{aligned} f(x) &= e^{ix} & f(x_0) &= 1 \\ f_x(x) &= ie^{ix} & f_x(x_0) &= i \\ f_{xx}(x) &= i^2e^{ix} & f_{xx}(x_0) &= -1 \\ f_{xxx}(x) &= i^3e^{ix} & f_{xxx}(x_0) &= -i \end{aligned}$$

und so fort. Wir erhalten, wie zuerst von L. Euler (1706-1783) gezeigt wurde,

$$\begin{aligned} e^{ix} &= 1 + ix - \frac{x^2}{2} - i\frac{x^3}{6} + \ldots \\ &= 1 - \frac{x^2}{2} + \ldots + i \cdot \left(x - \frac{x^3}{6} + \ldots\right) \\ &= \cos(x) + i \cdot \sin(x). \end{aligned} \tag{3.4}$$

Die Funktion $e^{ix}$ ist also periodisch, mit der Periode $2\pi$. Wir nennen sie auch *komplex* mit reellem Teil $\mathrm{Re}(e^{ix}) = \cos(x)$ und imaginärem Teil $\mathrm{Im}(e^{ix}) = \sin(x)$. Offensichtlich ist die Funktion

$$e^{i2\pi(\frac{1}{T})t}$$

der unabhängigen Variablen $t$ ebenfalls periodisch, mit der Periode $T$.

### 3.3.2 Fourier-Reihen

Es sei $Z(t)$ eine zeitabhängige Zustandsvariable eines dynamischen Systems und weiterhin

$$Z(t) = Z(t + T),$$

d. h., $Z$ sei periodisch mit der Periode $T$. Dann ist, wie der französcher Mathematiker J. B. J. Fourier (1768-1830) zeigte, $Z(t)$ darstellbar als eine unendliche *Fourier-Reihe*

$$Z(t) = \sum_{k=-\infty}^{\infty} c_k \cdot e^{i2\pi(\frac{k}{T})t}, \tag{3.5}$$

also als eine Überlagerung von komplexen periodischen Funktionen, deren Perioden Bruchteile $\frac{T}{k}$ der Grundperiode $T$ sind.

Ersetzen wir die Periode $T$ mit der damit verbundenen *Frequenz*

$$f = 1/T,$$

erhalten wir aus (3.5)

$$Z(t) = \sum_{k=-\infty}^{\infty} c_k \cdot e^{i2\pi(kf)t}, \tag{3.6}$$

eine Überlagerung periodischer Funktionen, deren jeweilige Frequenz ein Vielfaches $kf$ der Grundfrequenz $f$ ist.

Da Z(t) eine physikalische, also reelle Größe, $e^{i2\pi(kf)t}$ hingegen komplex ist, sind die Koeffizienten $c_k$ ebenfalls komplexe Zahlen, die auch dafür zu sorgen haben, daß die rechte Seite von (3.6) reell ist. Ein ziemlich triviales Beispiel: $Z(t) = \sin(2\pi t)$. Mit (3.4) schreiben wir

$$-\frac{1}{2i} \cdot e^{-i2\pi t} + \frac{1}{2i} \cdot e^{i2\pi t} = \sin(2\pi t),$$

also ist die reelle periodische Funktion $\sin(2\pi t)$ als Fourier-Reihe darstellbar, und zwar mit den komplexen Koeffizienten

$$c_{-1} = -\frac{1}{2i}, \quad c_1 = \frac{1}{2i}, \quad c_k = 0 \text{ sonst.}$$

Die Koeffizienten $c_k$ werden generell durch die Formel

$$c_{k'} = f \cdot \int_{-1/2f}^{1/2f} Z(t) e^{-i2\pi(k'f)t} dt \tag{3.7}$$

gegeben, was sich sehr leicht zeigen läßt: Es gilt nämlich mit (3.6)

$$f \cdot \int_{-1/2f}^{1/2f} Z(t) e^{-i2\pi k' ft} dt = f \cdot \sum_{n=-\infty}^{\infty} c_k \int_{-1/2f}^{1/2f} e^{+i2\pi(k-k')ft} dt.$$

Aber sämtliche Terme in der Summe mit $k \neq k'$ verschwinden, da dann die periodische Funktion $e^{+i2\pi t(k-k')ft}$ über eine Periode, bzw. über mehrere ganze Perioden, integriert wird. Es bleibt lediglich $k = k'$:

$$f \cdot c_{k'} \int_{-1/2f}^{1/2f} e^0 dt = f \cdot c_{k'}(1/2f + 1/2f) = c_{k'}$$

und (3.7) folgt. Ein einfaches Beispiel, ein 'Sägezahn'-Signal mit der Periode 1, ist in Abbildung 3.3 wiedergegeben. Die Zeitabhängigkeit des Signals innerhalb einer Periode lautet:

$$Z(t) = t, \quad -1/2 \leq t \leq 1/2,$$

woraus mit (3.7) folgt

$$c_{k'} = \int_{-1/2}^{1/2} t e^{-i2\pi k' t} dt,$$

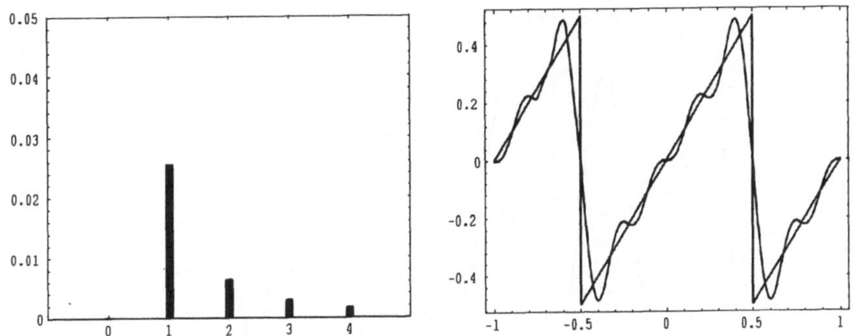


**Abbildung 3.3:** Eine Fourier - Reihe - Approximation eines Sägezahn-Signals. Die Summe in (3.6) wurde bei $k = \pm 4$ abgeschnitten.

siehe auch Übung 2. Das linke Bild zeigt die *Intensität* der Frequenzkomponenten, d. h.

$$|c_k|^2 = [\mathrm{Re}(c_k)]^2 + [\mathrm{Im}(c_k)]^2, \quad k = 1 \ldots 4.$$

Gemessene Zeitreihen, aber auch in kleinen Zeitschritten simulierte Zeitreihen, wie z. B. in Abbildung 3.2, sind offensichtlich keine stetigen, integrierbaren Funktionen wie in (3.7) angenommen. Um deren Frequenzkomponenten $c_k$ zu bestimmen, führen wir die *diskrete Fourier-Reihe* ein. Eine diskrete Zeitreihe besteht üblicherweise aus $N$ Werten irgendeiner Funktion $Z(t)$, die in gleichmäßigen Zeitabständen, sagen wir $\Delta$, bestimmt werden. Wir nennen $\Delta$ das *Sampling-Intervall*, und es gelte

$$Z_n = Z(t = n\Delta), \quad n = 0 \ldots N-1. \tag{3.8}$$

Da nur $N$ Informationen bezüglich der Funktion $Z$ vorliegen, können auch nur $N$ Frequenzkomponenten bestimmt werden. Entsprechend schreiben wir (3.6) um:

$$Z_n = Z(n\Delta) = \sum_{k=-N/2}^{N/2} c_k \cdot e^{i2\pi(kf)(n\Delta)}, \; n = 0 \ldots N-1. \tag{3.9}$$

Die Zeitreihen, die wir simulieren wollen, müssen auch nicht periodisch sein. Im Gegenteil werden wir es vielfach mit *chaotischen* Zeitreihen zu tun

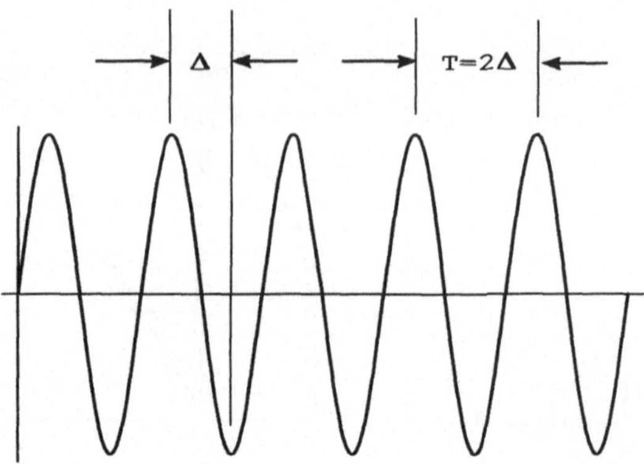


**Abbildung 3.4:** Die Nyquist-Frequenz $1/2\Delta$ ist die höchste Oberwelle, die mit dem Sampling-Intervall $\Delta$ eindeutig erfaßt werden kann.

haben. Also stellt sich die Frage nach einer angemessenen Grundfrequenz $f$ in (3.9). Die *höchste* Frequenzkomponente, die wir bestimmen können, ist gemäß Abbildung 3.4 die Nyquist-Frequenz $1/2\Delta$, und diese entspricht der maximalen Frequenz $kf = (N/2)f$ in (3.9). Somit wird $f$ durch die Bedingung

$$\frac{N}{2}f = \frac{1}{2\Delta} \quad \text{bzw.} \quad f = \frac{1}{N\Delta}$$

festgelegt. Gleichung (3.9) können wir nun als

$$Z_n = \sum_{k=-N/2}^{N/2} c_k e^{i2\pi kn/N}, \quad n = 0 \dots N-1$$

schreiben. Mit der Beobachtung

$$e^{i2\pi(-N/2)n/N} = e^{-i\pi n} = (-1)^n = e^{i\pi n} = e^{i2\pi(N/2)n/N}$$

ist diese auch äquivalent zu

$$Z_n = \sum_{k=-N/2}^{N/2-1} c_k e^{i2\pi kn/N}, \quad n = 0 \dots N-1, \tag{3.10}$$

einem System von $N$ linearen Gleichungen mit $N$ Unbekannten, nämlich den $N$ gesuchten Frequenzkomponenten $c_k$, $k = -N/2 \dots N/2-1$. Die

Lösung dieses Gleichungssystems wird als *diskrete Fourieranalyse* bezeichnet und wird in der Unit **dsolve** mittels des sogenannten Fast Fourier Transform - Algorithmus (FFT) automatisch durchgeführt. Genauer gesagt wird die *Frequenzdichte*

$$\frac{1}{N^2} \cdot \left(|c_k|^2 + |c_{-k}|^2\right)$$

als Funktion der Frequenz $kf = \frac{k}{N\Delta}$ bestimmt und dargestellt, wobei $|c_k|^2 = [\mathrm{Re}(c_k)]^2 + [\mathrm{Im}(c_k)]^2$ ist. Für eine detailliertere Einführung in das Thema siehe [13], Kapitel 12.

### 3.3.3 Das Runge-Kutta Verfahren

Die Systemmodelle dieses Buches werden in der Regel durch $n$-dimensionale Gleichungssysteme von der Form

$$\begin{aligned} \frac{dZ_1}{dt} &= f_1(t, Z_1, \ldots, Z_n) \\ \frac{dZ_2}{dt} &= f_2(t, Z_1, \ldots, Z_n) \\ &\vdots \\ \frac{dZ_n}{dt} &= f_n(t, Z_1, \ldots, Z_n), \quad n \leq 4, \end{aligned}$$

beschrieben.[5] Der Einfachheit halber betrachten wir im folgenden nur die eindimensionale Gleichung

$$\frac{dZ}{dt} = f(t, Z). \tag{3.11}$$

Aufgabe der Simulation ist es, diese Gleichung numerisch zu integrieren. Der Integrationsalgorithmus auf Seite 4, basierend auf Gleichung (1.1), stellt das denkbar einfachste Verfahren, die sogenannte Euler-Methode, dar: Ausgehend von Anfangswerten $t_0$ und $Z_0$ und von einem Integrierungszeitinterval $h$ wird die Zeitabhängigkeit der Zustandsvariablen $Z$ in (3.11) wie

[5] Bei den autonomen Systemen, denen wir bisher begegneten, fällt die explizite abhängigige Variable $t$ weg.

folgt bestimmt (wir schreiben $Z_0 = Z(t = t_0), Z_1 = Z(t = t_1)$ usw):

$$\begin{aligned} Z_1 &:= Z_0 + h \cdot f(t_0, Z_0) \\ t_1 &:= t_0 + h \\ Z_2 &:= Z_1 + h \cdot f(t_1, Z_1) \\ t_2 &:= t_1 + h \\ &\vdots \end{aligned} \tag{3.12}$$

Dieses Verfahren rühmt sich einer *Genauigkeit erster Ordnung* in $h$: numerische Fehler, d. h. Abweichungen vom echten Verlauf, die von der Größenordnung $h^2$ sind, müssen in Kauf genommen werden.

Das Integrationsverfahren der **dsolve**-Umgebung heißt *Runge- Kutta-Verfahren vierter Ordnung.* Abweichungen treten nur in der Größenordnung $h^5$ auf. Für einen typischen Zeitschritt von sagen wir $h = 0,01 = 10^{-2}$ beträgt der Rechenfehler bei der Anwendung dieses Verfahrens größenordnungsmässig nur $h^5 = 10^{-10}$. Um über eine Sekunde zu integrieren, sind $1/h = 10^2$ solche Schritte notwendig. Der kumulative Fehler beträgt dann etwa $h^4 = 10^{-8}$ pro Sekunde. Für unsere Bedürfnisse ist dies mehr als ausreichend.

Um das Prinzip besser zu verstehen, betrachten wir im folgenden das Runge-Kutta-Verfahren *zweiter Ordnung*, da die Mathematik wesentlich einfacher, die Beweisführung aber die gleiche ist. Das Algorithmus hierfür lautet analog zu (3.12):

$$\begin{aligned} Z_1 &:= Z_0 + h \cdot f(t_0 + h/2, Z_0 + k/2) \\ t_1 &:= t_0 + h \\ Z_2 &:= Z_1 + h \cdot f(t_1 + h/2, Z_1 + k/2) \\ t_2 &:= t_1 + h \\ &\vdots \end{aligned} \tag{3.13}$$

Hierbei ist im ersten Schritt $k = h \cdot f(t_0, Z_0)$, im zweiten $k = h \cdot f(t_1, Z_1)$ usw. Eine graphische Darstellung ist in Abbildung 3.5 zu sehen: Im Gegensatz zur Euler-Methode wird die lokale Steigung $f(Z)$ des zeitlichen Verlaufs von $Z$ nicht am Anfang, sondern in der Mitte des nächsten Zeitintervalls berechnet.

Nun wollen wir uns überzeugen, daß diese Methode, wie ihr Name es impliziert, tatsächlich bis auf Abweichungen von der Größenordnung $h^3$ genau ist.

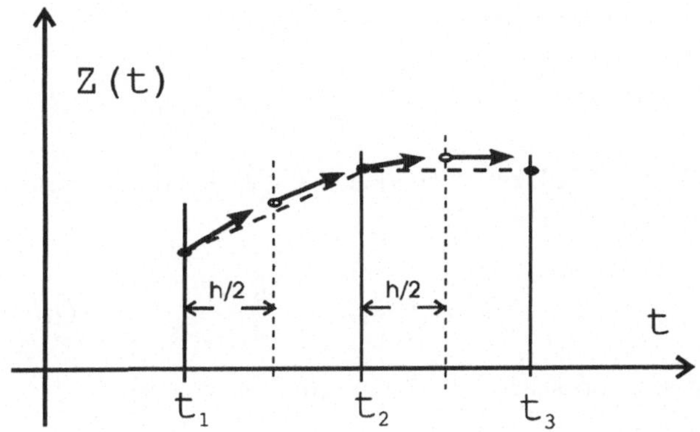


**Abbildung 3.5:** Runge-Kutta-Verfahren 2. Ordnug.

Der *wahre* Wert von $Z(t_1)$ ist die unendliche Taylor-Reihe, siehe (3.2),

$$Z(t_1) = Z(t_0) + h\frac{dZ(t_0)}{dt} + \frac{h^2}{2}\frac{d^2Z(t_0)}{dt^2} + \frac{h^3}{3!}\frac{d^3Z(t_0)}{dt^3} + \dots ,$$

oder mit $\frac{dZ}{dt} = f(t,Z)$ und $Z_0 = Z(t_0)$,

$$Z_1 = Z_0 + hf(t_0, Z_0) + \frac{h^2}{2}\frac{df(t_0, Z_0)}{dt} + O(h^3). \tag{3.14}$$

Der Ausdruck $O(h^3)$ symbolisiert Beiträge von der Größenordnung $h^3$ oder höher, also den ganzen unendlichen Schwanz der Taylor-Reihe.

Wir können aber den ersten Schritt in (3.13) in eine ähnliche Form bringen, indem wir $f(t_0 + h/2, Z_0 + k/2)$ als Taylor-Reihe um den Punkt $t_0, Z_0$ entwickeln:

$$\begin{aligned} &f(t_0 + h/2, Z_0 + k/2) \\ &= f(t_0, Z_0) + \frac{h}{2} f_t(t_0, Z_0) + \frac{k}{2} f_Z(t_0, Z_0) + \tilde{O}(h^2) \\ &= f(t_0, Z_0) + \frac{h}{2} f_t(t_0, Z_0) + \frac{h}{2} f(t_0, Z_0) f_Z(t_0, Z_0) + \tilde{O}(h^2), \end{aligned}$$

wo wir gemäß (3.13) $k$ mit $hf(t_0, Z_0)$ ersetzt haben. Wir erhalten

$$\begin{aligned} &f(t_0 + h/2, Z_0 + k/2) \\ &= f(t_0, Z_0) + \frac{h}{2}\Big[f_t(t_0, Z_0) + f(t_0, Z_0) f_Z(t_0, Z_0)\Big] + \tilde{O}(h^2). \end{aligned} \tag{3.15}$$

Aber ganz allgemein gilt (Kettenregel!)

$$\frac{df(t,Z)}{dt} = \frac{\partial f(t,Z)}{\partial t} + \frac{\partial f(t,Z)}{\partial Z} \cdot \frac{dZ}{dt} = f_t(t,Z) + f_Z(t,Z)f(t,Z).$$

Der Ausdruck in (3.15) zwischen den eckigen Klammern ist also nichts anderes als $\frac{df(t_0,Z_0)}{dt}$, und es gilt:

$$f(t_0 + h/2, Z_0 + k/2) = f(t_0, Z_0) + \frac{h}{2}\frac{df(t_0,Z_0)}{dt} + \tilde{O}(h^2).$$

Als ersten Integrationsschritt in (3.13) erhalten wir also

$$Z_1 = Z_0 + hf(t_0, Z_0) + \frac{h^2}{2}\frac{df(t_0,Z_0)}{dt} + h\tilde{O}(h^2).$$

Dies ist aber, bis auf die Differenz dritter Ordnung $h\tilde{O}(h^2) - O(h^3)$, mit (3.14) identisch!

Der Vollständigkeit halber und zum Schluß das Runge-Kutta-Verfahren vierter Ordnung:

$$\begin{aligned}
k_1 &:= h \cdot f(t_0, Z_0) \\
k_2 &:= h \cdot f(t_0 + h/2, Z_0 + k_1/2) \\
k_3 &:= h \cdot f(t_0 + h/2, Z_0 + k_2/2) \\
k_4 &:= h \cdot f(t_0 + h/2, Z_0 + k_3) \\
Z_1 &:= Z_0 + \frac{k_1}{6} + \frac{k_2}{3} + \frac{k_3}{3} + \frac{k_4}{6} + O(h^5) \\
t_1 &:= t_0 + h \\
&\vdots
\end{aligned}$$

## 3.4 Übungen zum dritten Kapitel

1. Bestimmen Sie die Taylor-Reihen folgender Funktionen bis zur zweiten Ordnung:

   (a) Die Exponentialfunktion $e^x$ um x=0.

   (b) Die logistische Funktion (1.5) um x=0.

   (c) Die Funktion $\sin x \cdot \cos y$ um $(x = 0, y = 0)$.

2. Zeigen Sie mit (3.7),

   (a) daß die erste Frequenzkomponente $c_1$ des Sägezahn-Signals in Abbildung 3.3 durch $-i/(2\pi)$ gegeben ist.

   (b) Bestimmen Sie die Frequenzintensität $| c_1 |^2$.

3. Bestimmen Sie die Koeffizienten $c_{-2}, c_{-1}, c_0, c_1$ für die diskrete Zeitreihe

$$Z_0 = 2, \; Z_1 = 4, \; Z_2 = 6, \; Z_3 = 8.$$

   *Hinweis:* Es müssen laut (3.10) vier Gleichungen für die $c_k$, $k = 0 \dots 3$, simultan gelöst werden. Die erste davon lautet

$$c_{-2} - c_{-1} + c_0 - c_1 = 2.$$

4. Die Bewegung eines einfachen Pendels mit Länge $l$ wird durch die Differentialgleichung ($g$ = Gravitationskonstante = 9.80665 m/s$^2$)

$$l\ddot{\theta} = -g \sin \theta \tag{3.16}$$

   bestimmt, wobei $\theta$ den Winkel zwischen dem Pendel und der Vertikalen darstellt.

   (a) Schreiben Sie mit Hilfe der Taylorschen Formel eine Näherung erster Ordnung in $\theta$ für (3.16) (kleine Amplituden), und bestimmen Sie die Frequenz des Pendels. *Hinweis:* Ein Oszillator mit der Frequenz $f$ wird durch die Differentialgleichung

$$\ddot{x} = (2\pi f)^2 x$$

   beschrieben.

(b) Die zeitabhängige Variable $\theta$ ist eine Zustandsvariable. Wir können als zweite Zustandsvariable die *Winkelgeschwindigkeit* $\omega$ wählen. Zeigen Sie, daß (3.16) dem gekoppelten Gleichungssystem erster Ordnung

$$\begin{aligned} \dot{\theta} &= \omega \\ \dot{\omega} &= -(g/l)\sin\theta \end{aligned} \tag{3.17}$$

entspricht.

(c) Untersuchen Sie (3.17) in der **dsolve**-Umgebung. Vergleichen Sie das Frequenzspektrum bei kleinen Amplituden mit (a).

5. Ein dreidimensionales Lotka-Volterra-System (1.10) erhält man mit $n = 3$ und folgenden Systemparametern:

$$\begin{array}{llll} r_1 = 1 & a_{11} = -1 & a_{12} = -\alpha & a_{13} = -\beta \\ r_2 = 1 & a_{21} = -\beta & a_{22} = -1 & a_{23} = -\alpha \\ r_3 = 1 & a_{31} = -\alpha & a_{32} = -\beta & a_{33} = -1. \end{array}$$

(a) Zeigen Sie, daß die entsprechenden Differentialgleichungen als Konkurrenz dreier Spezies interpretiert werden kann, und zwar für logistisches Wachstum der drei Spezies mit Wachstums- und Sättigungsparametern 1.

(b) Modifizieren Sie das Programm 3.1, um dieses Modell zu simulieren, und untersuchen Sie das Verhalten für Parameterwerte $\alpha = 1,5$ und $\beta = 0,7$. (*Hinweis:* Eine lange Simulationszeit (ca. 1000) ist notwendig, um die eigenartige Zeitabhängigkeit zu verfolgen.)

# Kapitel 4

# Gleichgewicht und Stabilität

*Lord Nosh wankte unsicher zum Büffet,*

*goß eine Kelle Gin und Bitters in sich hinein ...*

*und war alsbald der vollkommene englische Gentleman.*

- Stephen Leacock

Bei unseren Simulationsversuchen mit dem Konkurrenzmodell (Abbildung 3.2) fällt auf, daß das System immer in einen zeitkonstanten Endzustand übergeht. Abhängig von den Systemparametern $\alpha$ und $\beta$ stirbt entweder eine der beiden Spezies aus, oder ein 'friedliches Zusammenleben' stellt sich ein. Solche Endzustände werden *asymptotisch stabile Gleichgewichte* genannt und entsprechen stationären Punkten im Zustandsraum. Sie heißen auch *Punktattraktoren* für das dynamische System, da sie eine 'Anziehungskraft' auf andere Zustände auszuüben scheinen. Laut Schlußfolgerung 2 auf Seite 40 werden solche Attraktoren eigentlich nie erreicht, aber der Systemzustand rückt beliebig nahe an sie heran.

Nicht alle möglichen Gleichgewichte müssen stabil sein, wie wir am Beispiel des Konkurrenzmodells leicht sehen können. Das System (1.8) ist genau dann im Gleichgewicht, wenn die Veränderungsgeschwindigkeiten der beiden Zustandsvariablen null sind:

$$
\begin{aligned}
rZ_1(1 - Z_1/K) - \alpha Z_1 Z_2 &= 0 = \dot{Z}_1 \\
sZ_2(1 - Z_2/L) - \beta Z_1 Z_2 &= 0 = \dot{Z}_2,
\end{aligned}
$$

oder

$$
\begin{aligned}
Z_1[r - rZ_1/K - \alpha Z_2] &= 0 \\
Z_2[s - sZ_2/L - \beta Z_1] &= 0.
\end{aligned}
\tag{4.1}
$$

Wie man sofort erkennt, gibt es drei unmittelbare Lösungen für Gl. (4.1), nämlich

$$
\begin{aligned}
&1)\ Z_1 = 0, \quad Z_2 = 0 \\
&2)\ Z_1 = 0, \quad Z_2 = L \\
&3)\ Z_1 = K, \quad Z_2 = 0.
\end{aligned}
$$

Wenn gleich Null gesetzt, können außerdem die in (4.1) in eckigen Klammern stehenden Ausdrücke in die Standardform für eine Gerade in der $(Z_1, Z_2)$-Ebene,

$$Z_2 = mZ_1 + b, \quad m = \text{ Steigung}, \quad b = \text{ Schnittpunkt mit der } Z_2\text{-Achse},$$

gebracht werden, und zwar:

$$
\begin{aligned}
Z_2 &= \frac{-r}{K\alpha} Z_1 + \frac{r}{\alpha} \\
Z_2 &= \frac{-L\beta}{s} Z_1 - L.
\end{aligned}
\tag{4.2}
$$

Offensichtlich stellt der Schnittpunkt dieser Geraden, falls sie nicht miteinander parallell verlaufen, ebenfalls eine Lösung der Gleichungen (4.1) dar. Der

$$
\begin{aligned}
&4)\ \text{Schnittpunkt der Geraden} \\
&r - rZ_1/K - \alpha Z_2 = 0 \\
&s - sZ_2/L - \beta Z_1 = 0
\end{aligned}
$$

ist demnach auch ein Gleichgewichtspunkt des dynamischen Systems.

Hilfslinien wie die Geraden (4.2) heißen *Isoklinen*, d. h. Kurven gleicher Steigung, wobei nicht die Steigung der Hilfslinien selbst gemeint ist, sondern die der Bahnen im Zustandsraum (vgl. Abb 3.2), die die Isoklinen schneiden. Im vorliegenden Fall ist die Steigung der Bahnen unendlich, bzw. Null, entsprechend der ersten bzw. zweiten Gleichung in (4.2). Die Isoklinen können mit der Methode **drawLine(...)** in der **dsolve**-Umgebung erzeugt werden (siehe z. B. Listing 3.1).

Für 'schwache' Konkurrenz ($\alpha, \beta$ klein) machten wir in der Simulation von (1.8) die Beobachtung, daß nur einer der 4 Gleichgewichtspunkte stabil ist, nämlich der vierte. Für 'starke' Konkurrenz ($\alpha, \beta$ groß) haben wir dagegen zwei stabile Endzustände ausgemacht, nämlich 2) und 3). Hingegen ist Gleichgewicht 1) anscheinend immer instabil.

Vorübergehende (Engl. *transient*) Zustände eines dynamischen Modells gehen also in stabile Endzustände über. Da z. B. natürliche Ökosysteme wie Räuber und Beute, falls man sie in Ruhe gelassen hat, schon lange ungestört existieren, kann man davon ausgehen, daß allein stabile Endzustände experimentell dort beobachtbar sind. Was sind denn die möglichen stabilen Zustände eines dynamischen Systems? Warum sind manche Gleichgewichte stabil und andere wiederum nicht? Entsprechen alle Endzustände Punktattraktoren im Zustandsraum, oder gibt es komplizierteres Langzeitverhalten?

Fragen dieser Art werden wir versuchen, mit Hilfe weiterer Simulationen, bzw. mathematischer Untersuchungen dynamischer Modelle, zu beantworten. Zunächst aber müssen wir uns mit der Stabilität eines sehr einfachen *linearen* Modells befassen.

## 4.1 Lineare Systeme

Ein prototypisches, zwei-dimensionales, lineares System ist in Abbildung 4.1 skizziert: der gedämpfte Oszillator.

Die Dynamik dieses Systems wird bestimmt durch die Kräfte, die auf den Klotz wirken:

$$K_1 = -kx, \quad K_2 = -c\dot{x}. \tag{4.3}$$

Der Systemparameter $k$ ist ein Maß für die Sprungkraft der Feder. Die Konstante $c$ ist ein Reibungskoeffizient und $\dot{x} = \frac{dx}{dt}$ ist die Bewegungsgeschwindigkeit des Klotzes. (Ist $\dot{x}$ positiv, so bewegt sich der Klotz nach rechts und umgekehrt.)

Die Dynamik ist durch das 2. Newtonsche Gesetz bestimmt:

$$K_1 + K_2 = m\ddot{x}, \tag{4.4}$$

wobei $m$ die Masse des Klotzes und $\ddot{x} = \frac{d\dot{x}}{dt}$ seine Beschleunigung ist.

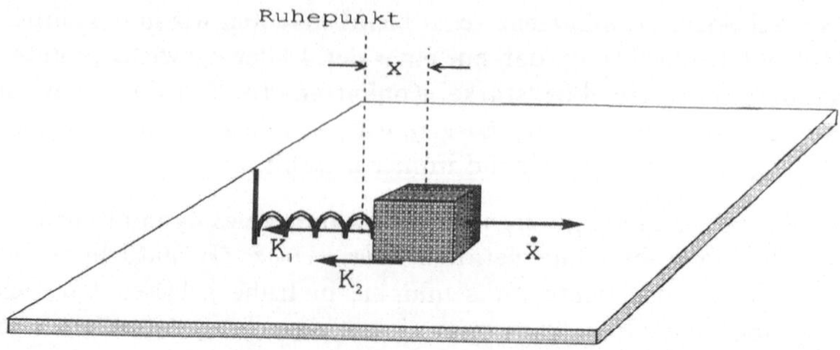


**Abbildung 4.1:** Ein gedämpfter Oszillator. Bewegt sich der Holzklotz nach rechts oder nach links bei gedehnter bzw. komprimierter Feder, so wirken dieser Bewegung zwei Kräfte entgegen: $K_1$, die Sprungkraft der Feder und $K_2$, die Reibungskraft.

```
program oszill;
{}
uses graph,dsolve;
{}
const  k = 1;        { Federkonstant }
       m = 1;        { Masse }
       c = 0.1;      { Reibungskoeffizient }
{}
type ToscillatorModel = object(Tsimulation)
       procedure equations(t: real; Z: array4;
                       var dZdt: array4); virtual;
     end;
{}
procedure ToscillatorModel.equations;
begin
   dZdt[1]:= Z[2];
   dZdt[2]:= -(k/m)*Z[1]-(c/m)*Z[2];
end;
{}
var OscillatorModel: ToscillatorModel;
{}
begin
   with OscillatorModel do begin
      initialize(-5,5,-5,5,100,2,2,'Oszillator');
      go;
   end;
end.
```

**Listing 4.1** Simulation eines gedämpften Oszillators.

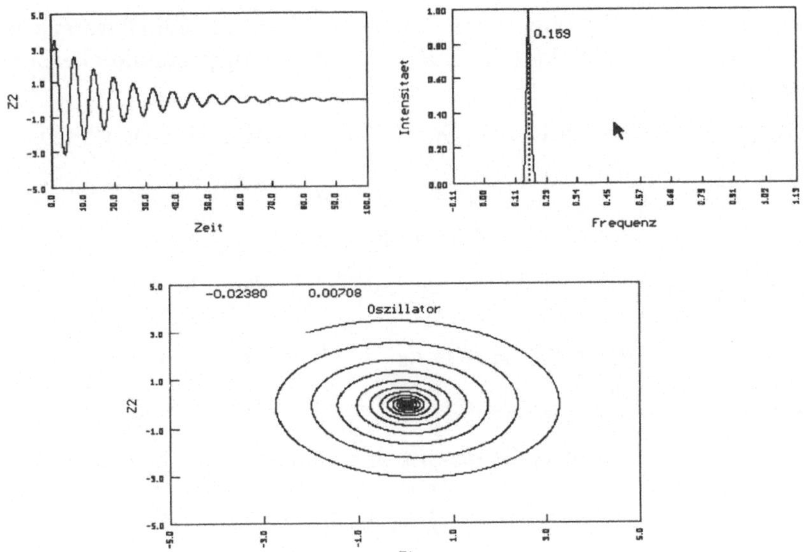


**Abbildung 4.2:** Simulation des gedämpften linearen Oszillators.

Von (4.3) und (4.4) erhalten wir eine Gleichung für die Zeitabhängigkeit der Zustandsvariablen $x$:

$$\ddot{x} + \frac{c}{m}\dot{x} + \frac{k}{m}x = 0, \tag{4.5}$$

eine *lineare Differentialgleichung zweiter Ordnung.*

Um das Modell in die uns wohlvertraute Form zu bringen, betrachten wir die Geschwindigkeit $\dot{x}$ als zweite Zustandsvariable (vgl. Übung 4(b), Kapitel 3):

$$\begin{aligned} x &\to Z_1 \quad \text{Position} \\ \dot{x} &\to Z_2 \quad \text{Geschwindigkeit.} \end{aligned}$$

Aus dieser Umbenennung und mit (4.5) erhalten wir

$$\begin{aligned} \dot{Z}_1 &= Z_2 \\ \dot{Z}_2 &= -\frac{k}{m}Z_1 - \frac{c}{m}Z_2, \end{aligned} \tag{4.6}$$

ein zweidimensionales lineares System. Das entsprechende Simulationsprogramm unter Verwendung der Unit **dsolve** ist in Listing 4.1 zu sehen.

Abbildung 4.2 zeigt eine Untersuchung des Zustandsraums, woraus erkennbar ist, daß der Punkt ($Z_1 = Z_2 = 0$) das einzige stabile Gleichgewicht darstellt.

Gl. (4.6) ist offensichtlich ein Spezialfall des allgemeineren Modells

$$\begin{aligned} \dot{Z}_1 &= a_{11}Z_1 + a_{12}Z_2 \\ \dot{Z}_2 &= a_{21}Z_1 + a_{22}Z_2, \end{aligned} \tag{4.7}$$

wobei für (4.6)

$$a_{11} = 0,\ a_{12} = 1,\ a_{21} = -k/m,\ a_{22} = -c/m$$

gilt.

Wir verwenden für (4.7) die wesentlich kompaktere und bequemere Schreibweise

$$\underline{\dot{Z}} = \mathbf{A} \cdot \underline{Z}. \tag{4.8}$$

In Gl. (4.8) bezeichnet das Symbol $\underline{\dot{Z}}$ bzw. $\underline{Z}$ einen *Vektor* und das Symbol **A** eine *Matrix*. Um mit diesen Begriffen selbst sicher umzugehen, und vor allen Dingen, um (4.8) zu lösen, brauchen wir nun ...

### 4.1.1 Ein wenig lineare Algebra

Ein beliebiger Vektor $\underline{x}$ ist durch eine Länge $x$ und eine Richtung $\alpha$ festgelegt. Um dies zu verdeutlichen, betrachten wir Abbildung 4.3.

In einem vorgegebenen Koordinatensystem (wir denken selbstverständlich dabei an den zweidimensionalen Zustandsraum) ist $\underline{x}$ durch Angabe seiner beiden Komponenten $x_1$ und $x_2$ vollständig beschrieben. Entsprechend dieser Abbildung ist nämlich die Länge $x$ von $\underline{x}$ durch

$$x = \sqrt{x_1^2 + x_2^2}$$

gegeben, und die Richtung ist durch

$$\cos(\alpha) = x_1/x \quad \text{bzw.} \quad \sin(\alpha) = x_2/x$$

bestimmt. Wir schreiben deshalb ganz allgemein

$$\underline{x} = \begin{pmatrix} x_1 \\ x_2 \end{pmatrix}. \tag{4.9}$$

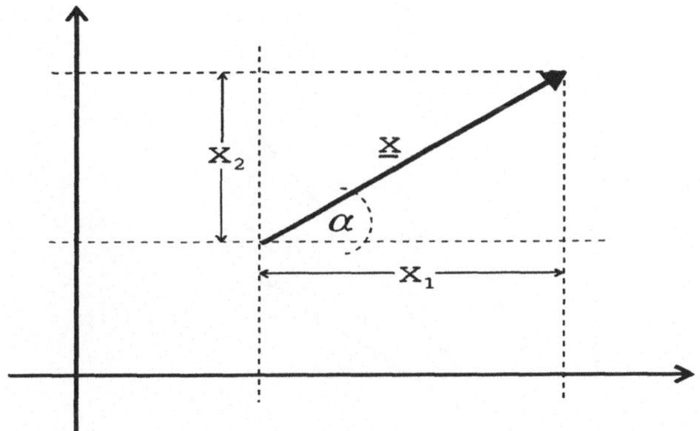


**Abbildung 4.3:** Ein Vektor in der $(x_1, x_2)$-Ebene.

Die Summe zweier Vektoren errechnen wir als

$$\underline{x} + \underline{y} = \begin{pmatrix} x_1 \\ x_2 \end{pmatrix} + \begin{pmatrix} y_1 \\ y_2 \end{pmatrix} = \begin{pmatrix} x_1 + y_1 \\ x_2 + y_2 \end{pmatrix}$$

entsprechend der *Parallelogrammregel* in Abbildung 4.4.

Das Produkt eines Vektors mit einer Realzahl, also mit einer *skalaren Größe*, ist

$$a\underline{x} = a \begin{pmatrix} x_1 \\ x_2 \end{pmatrix} = \begin{pmatrix} ax_1 \\ ax_2 \end{pmatrix},$$

ein Vektor in der selben Richtung wie $\underline{x}$, aber mit der Länge (Abbildung 4.5)

$$\sqrt{a^2 x_1^2 + a^2 x_2^2} = ax.$$

Eine alternative Schreibweise für Vektoren erhalten wir mit Hilfe der *Einheitsvektoren* $\underline{i}$ und $\underline{j}$, wie in Abbildung 4.6 dargestellt:

$$\underline{i} = \begin{pmatrix} 1 \\ 0 \end{pmatrix}, \quad \underline{j} = \begin{pmatrix} 0 \\ 1 \end{pmatrix}.$$

Ein beliebiger Vektor $\underline{x}$ läßt sich nun als lineare Kombination von Einheitsvektoren ausdrücken:

$$\underline{x} = \begin{pmatrix} x_1 \\ x_2 \end{pmatrix} = \begin{pmatrix} x_1 \\ 0 \end{pmatrix} + \begin{pmatrix} 0 \\ x_2 \end{pmatrix} = x_1 \begin{pmatrix} 1 \\ 0 \end{pmatrix} + x_2 \begin{pmatrix} 0 \\ 1 \end{pmatrix} = x_1\underline{i} + x_2\underline{j}.$$

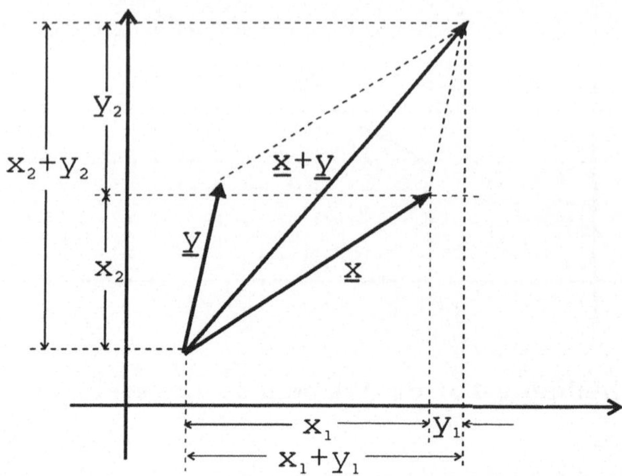


**Abbildung 4.4:** Die Parallelogrammregel für die Summenbildung zweier Vektoren.

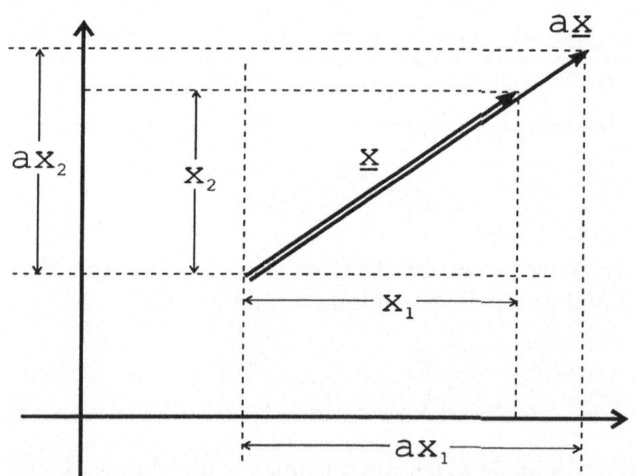


**Abbildung 4.5:** Produkt eines Vektors mit einem Skalar.

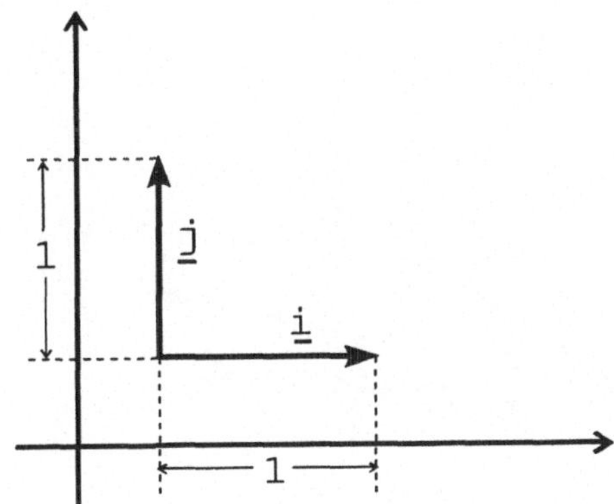


**Abbildung 4.6:** Die Einheitsvektoren.

Die Definition des *Skalarproduktes* zweier Vektoren lautet (Abbildung 4.7):

$$\underline{x} \cdot \underline{y} = xy \cos(\alpha).$$

Mit den Einheitsvektoren können wir äquivalent dazu schreiben:

$$\begin{aligned} \underline{x} \cdot \underline{y} &= (x_1 \underline{i} + x_2 \underline{j}) \cdot (y_1 \underline{i} + y_2 \underline{j}) \\ &= x_1 y_1 \underline{i} \cdot \underline{i} + x_1 y_2 \underline{i} \cdot \underline{j} + x_2 y_1 \underline{j} \cdot \underline{i} + x_2 y_2 \underline{j} \cdot \underline{j} \,. \end{aligned}$$

Aber

$$\begin{aligned} \underline{i} \cdot \underline{i} = \underline{j} \cdot \underline{j} &= 1 \times 1 \times \cos(0) = 1 \\ \underline{i} \cdot \underline{j} = \underline{j} \cdot \underline{i} &= 1 \times 1 \times \cos(90) = 0, \end{aligned}$$

und wir erhalten

$$\underline{x} \cdot \underline{y} = x_1 y_1 + x_2 y_2.$$

Ist $\underline{x} \cdot \underline{y} = 0$, so sind die Vektoren $\underline{x}$ und $\underline{y}$ *orthogonal* ($\alpha = \pi/2 = 90$ Grad).

Eine *Matrix* wie **A** in Gl. (4.8) verallgemeinert den Begriff des Vektors. In diesem Fall hat sie vier Komponenten, genannt *Matrixelemente*, und wird wie folgt geschrieben:

$$\mathbf{A} = \begin{pmatrix} a_{11} & a_{12} \\ a_{21} & a_{22} \end{pmatrix}.$$

Das Produkt einer Matrix mit einem Vektor bewirkt im allgemeinen eine Veränderung der Länge sowie der Richtung des Vektors. Man spricht von

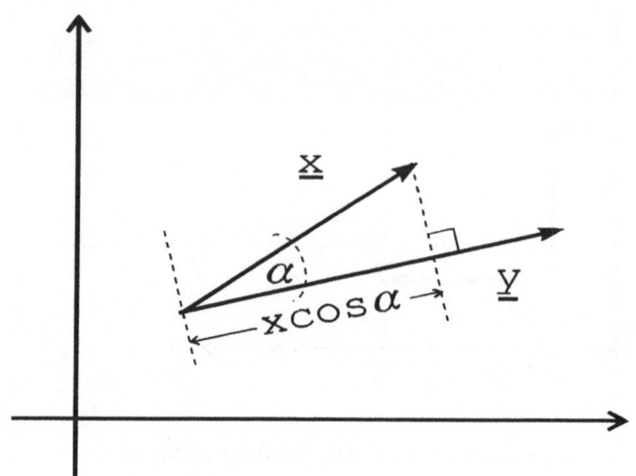


**Abbildung 4.7:** Das Skalarprodukt.

einer *Rotation* bzw. *Transformation.* Die Regel lautet

$$\mathbf{A} \cdot \underline{x} = \begin{pmatrix} a_{11} & a_{12} \\ a_{21} & a_{22} \end{pmatrix} \cdot \begin{pmatrix} x_1 \\ x_2 \end{pmatrix} = \begin{pmatrix} a_{11}x_1 + a_{12}x_2 \\ a_{21}x_1 + a_{22}x_2 \end{pmatrix}.$$

Das Produkt ist also ein neuer Vektor. Das Produkt zweier Matrizen aber ist hingegen selbst eine Matrix:

$$\mathbf{A} \cdot \mathbf{B} = \begin{pmatrix} a_{11} & a_{12} \\ a_{21} & a_{22} \end{pmatrix} \cdot \begin{pmatrix} b_{11} & b_{12} \\ b_{21} & b_{22} \end{pmatrix} = \begin{pmatrix} a_{11}b_{11} + a_{12}b_{21} & a_{11}b_{12} + a_{12}b_{22} \\ a_{21}b_{11} + a_{22}b_{21} & a_{21}b_{12} + a_{22}b_{22} \end{pmatrix}.$$

Die Inverse $\mathbf{A}^{-1}$ der Matrix $\mathbf{A}$ wird durch die Relation

$$\mathbf{A}^{-1} \cdot \mathbf{A} = \mathbf{A} \cdot \mathbf{A}^{-1} = \mathbf{I},$$

wobei $\mathbf{I}$ die *Einheitsmatrix*

$$\mathbf{I} = \begin{pmatrix} 1 & 0 \\ 0 & 1 \end{pmatrix}$$

ist, definiert.

Die *Spur* einer Matrix ist die Summe ihrer diagonalen Elemente:

$$\mathrm{Sp}\mathbf{A} = a_{11} + a_{22}.$$

Die *Determinante* einer 2 × 2 Matrix, geschrieben $|\mathbf{A}|$ oder Det$\mathbf{A}$, ist

$$|\mathbf{A}| = \text{Det}\mathbf{A} = \begin{vmatrix} a_{11} & a_{12} \\ a_{21} & a_{22} \end{vmatrix} = a_{11}a_{22} - a_{12}a_{21},$$

d. h., wie die Länge eines Vektors, auch eine skalare Größe. Es ist sehr leicht zu zeigen (Übung 1), daß

$$\mathbf{A}^{-1} = \frac{1}{\det\mathbf{A}} \begin{pmatrix} a_{22} & -a_{12} \\ -a_{21} & a_{11} \end{pmatrix}.$$

Falls $\det\mathbf{A} = 0$, existiert die Inverse nicht, und wir nennen **A** *singulär.*

### 4.1.2 Ein wenig mehr lineare Algebra

Somit haben wir eine Rechfertigung für die Schreibweise (4.8). Wir interpretieren $\underline{Z}$ bzw. $\dot{\underline{Z}}$ als die Vektoren

$$\underline{Z} = \begin{pmatrix} Z_1 \\ Z_2 \end{pmatrix}, \quad \dot{\underline{Z}} = \begin{pmatrix} \dot{Z}_1 \\ \dot{Z}_2 \end{pmatrix},$$

und **A** als die *Systemmatrix.*

Mit der eben definierten Regel für das Produkt einer Matrix mit einem Vektor sind (4.7) und (4.8) offensichtlich äquivalent.

Betrachten wir nun die zwei linearen Gleichungen

$$\begin{aligned} a_{11}Z_1 + a_{12}Z_2 &= b_1 \\ a_{21}Z_1 + a_{22}Z_2 &= b_2, \end{aligned} \tag{4.10}$$

wobei $b_1$ und $b_2$ konstant sind. Falls $b_1 = b_2 = 0$ ist, sind diese Gleichungen *homogen.* Um z. B. ein Gleichgewicht des Systems (4.8) zu bestimmen, müßten wir die zwei homogenen Gleichungen

$$\begin{aligned} a_{11}Z_1 + a_{12}Z_2 &= 0 \\ a_{21}Z_1 + a_{22}Z_2 &= 0 \end{aligned}$$

für die Zustände $Z_1$ und $Z_2$ lösen.

Die Lösung der *inhomogenen* Gleichungen (4.10) erhält man durch einfache Substitution. Sie lautet

$$\begin{aligned} Z_1 &= \frac{a_{22}b_1 - a_{12}b_2}{a_{11}a_{22} - a_{12}a_{21}} \\ Z_2 &= \frac{a_{11}b_2 - a_{21}b_1}{a_{11}a_{22} - a_{12}a_{21}} \end{aligned}$$

oder, mit der Definition der Determinante,

$$Z_1 = \frac{\begin{vmatrix} b_1 & a_{12} \\ b_2 & a_{22} \end{vmatrix}}{\mathrm{Det}\mathbf{A}}, \quad Z_2 = \frac{\begin{vmatrix} a_{11} & b_1 \\ a_{21} & b_2 \end{vmatrix}}{\mathrm{Det}\mathbf{A}}, \tag{4.11}$$

ein Spezialfall der *Cramerschen Regel* für die Lösung linearer algebraischer Gleichungssysteme. Viel eleganter schreiben wir (4.10) als

$$\mathbf{A} \cdot \underline{Z} = \underline{b}.$$

Links und rechts mit $\mathbf{A}^{-1}$ malnehmen ergibt

$$\mathbf{A}^{-1} \cdot \mathbf{A} \cdot \underline{Z} = \mathbf{A}^{-1} \cdot \underline{b}.$$

Von der Definition der Inverse, $\mathbf{A}^{-1} \cdot \mathbf{A} \cdot \underline{Z} = \mathbf{I} \cdot \underline{Z} = \underline{Z}$ und folglich

$$\underline{Z} = \mathbf{A}^{-1} \cdot \underline{b}\ ,$$

welcher Ausdruck identisch zu (4.11) ist, wie man sich leicht überzeugen kann.

Falls $\mathrm{Det}\mathbf{A} = 0$ gilt, so ist die Matrix $\mathbf{A}$, wie gesagt, singulär. Die Ausdrücke (4.11) sind nicht definiert, und es gibt *keine* Lösung des inhomogenen Systems. Das Gleichungssystem (4.10) heißt dann *linear abhängig.*

Sind die Gleichungen aber wie bei der Bestimmung von Gleichgewichtspunkten homogen, d. h. $b_1 = b_2 = 0$, und ist $\mathbf{A}$ auch *nichtsingulär*, dann gibt es mit (4.11) nur die *triviale* Lösung (die beiden Zähler sind ja Null)

$$Z_1 = Z_2 = 0 \text{ bzw. } \underline{Z} = \underline{0}.$$

Aus der Tatsache, daß natürliche oder physikalische dynamische Systeme in der Regel nichtsinguläre Systemmatrizen liefern, können wir schließen, daß solche Systeme nur einen Gleichgewichtspunkt besitzen, und zwar bei $\underline{Z} = \underline{0}$.

Anderseits halten wir fest, daß eine notwendige Bedingung für eine *nicht triviale* Lösung homogener Gleichungen die Singularität der Matrix $\mathbf{A}$ ist.

### 4.1.3 Gleichung (4.8) wird gelöst

Wie sieht es mit der Zeitabhängigkeit der Zustandsvariablen $Z_1$ und $Z_2$ aus? Gleichung (4.8) erinnert uns sehr stark an die Differentialgleichung für exponentiales Wachstum

$$\dot{Z} = rZ,$$

deren allgemeine Lösung

$$Z(t) = Ce^{rt}, \quad C \text{ konstant},$$

lautete.

In (4.8) haben wir es jedoch mit einer Vektorgleichung zu tun. Trotzdem wollen wir es mit einer Lösung ähnlicher Struktur probieren, nämlich

$$\underline{Z}(t) = \underline{C}e^{\lambda t}, \tag{4.12}$$

wobei $\lambda$, sowie die beiden Komponenten des Vektors $\underline{C}$, noch unbekannt sind.

Setzen wir (4.12) in (4.8), so erhalten wir

$$\underline{C}\lambda e^{\lambda t} = \mathbf{A} \cdot \underline{C}e^{\lambda t}$$

oder, da $e^{\lambda t} > 0$ ist,

$$\mathbf{A} \cdot \underline{C} = \lambda \underline{C}. \tag{4.13}$$

Gleichung (4.13) formuliert das sogenannte *Eigenwertproblem.* Der Vektor $\underline{C}$ ist ein der Matrix **A** zugehöriger *Eigenvektor* und $\lambda$ der entsprechende *Eigenwert.*

Falls $\lambda$ keine Komplexzahl ist, also keinen imaginären Teil besitzt, gibt es eine anschauliche geometrische Interpretation von Eigenvektoren einer Matrix **A**: Sie zeichnen diejenigen besonderen Richtungen im Zustandsraum aus, die durch Multiplikation mit **A** *nicht* verändert werden (Abbildung 4.8).

Falls wir einen Eigenvektor $\underline{C}$ und einen entsprechenden Eigenwert $\lambda$ des Eigenwertproblems (4.13) bestimmen können, haben wir auch wegen (4.12) eine Lösung der Differentialgleichung (4.8) gefunden.

Nun ist (4.13) mit

$$\begin{aligned} (a_{11} - \lambda)C_1 + a_{12}C_2 &= 0 \\ a_{21}C_1 + (a_{22} - \lambda)C_2 &= 0 \end{aligned}$$

äquivalent, einem homogenen Gleichungssystem für die unbekannten $C_1$ und $C_2$. Nur die nicht triviale Lösung $\underline{C} \neq \underline{0}$ ist von Interesse, also verlangen wir, daß

$$\begin{vmatrix} a_{11} - \lambda & a_{12} \\ a_{21} & a_{22} - \lambda \end{vmatrix} = 0,$$

gilt, oder

$$\lambda^2 - \lambda(a_{11} + a_{22}) + a_{11}a_{22} - a_{12}a_{21} = 0$$

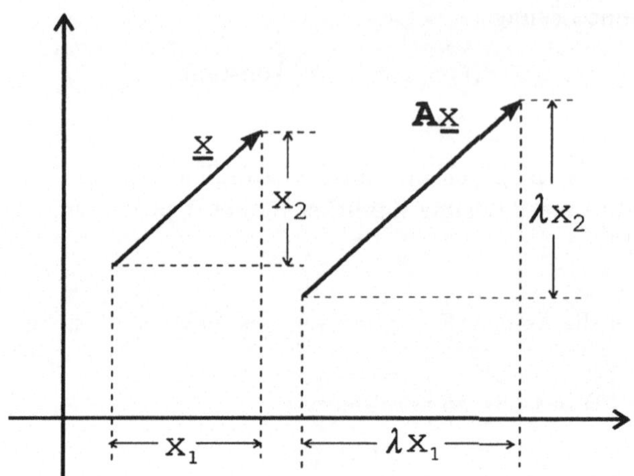


**Abbildung 4.8:** Ein Eigenvektor der Matrix **A** mit reellem Eigenwert $\lambda$.

oder schließlich

$$\lambda^2 - \lambda \cdot \mathrm{Sp}\mathbf{A} + \mathrm{Det}\mathbf{A} = 0. \tag{4.14}$$

Gl. (4.14) ist die *charakteristische Gleichung* für das Eigenwertproblem (4.13). Sie ist quadratisch und hat demnach zwei Wurzeln, nämlich

$$\lambda_1 = \frac{1}{2}(\mathrm{Sp}\mathbf{A} + \sqrt{(\mathrm{Sp}\mathbf{A})^2 - 4\mathrm{Det}\mathbf{A}})$$
$$\lambda_2 = \frac{1}{2}(\mathrm{Sp}\mathbf{A} - \sqrt{(\mathrm{Sp}\mathbf{A})^2 - 4\mathrm{Det}\mathbf{A}}).$$

Dementsprechend existieren genau zwei Eigenvektoren, die wir mit $\underline{C}^{(1)}$ und $\underline{C}^{(2)}$ bezeichnen können.

Kehren wir nun zum linearen Oszillator Gl. (4.6) zurück, und zwar mit den Systemparametern $k = m = 1$ und $c = 3$. Die Systemmatrix lautet dann

$$\mathbf{A} = \begin{pmatrix} 0 & 1 \\ -1 & -3 \end{pmatrix}.$$

Also gilt

$$\mathrm{Sp}\mathbf{A} = -3, \quad \mathrm{Det}\mathbf{A} = 1,$$

und die Eigenwerte von **A** sind gegeben durch

$$\lambda_1 = \frac{1}{2}(-3+\sqrt{9-4}) = \frac{\sqrt{5}-3}{2}$$
$$\lambda_2 = \frac{1}{2}(-3-\sqrt{9-4}) = \frac{-\sqrt{5}-3}{2}.$$

Mit dem ersten Eigenwert $\lambda_1$ erhalten wir mit (4.13) eine Relation für den entsprechenden Eigenvektor $\underline{C}^{(1)}$:

$$\begin{pmatrix} 0 & 1 \\ -1 & -3 \end{pmatrix} \cdot \begin{pmatrix} C_1^{(1)} \\ C_2^{(1)} \end{pmatrix} = \frac{\sqrt{5}-3}{2} \cdot \begin{pmatrix} C_1^{(1)} \\ C_2^{(1)} \end{pmatrix}.$$

oder

$$C_2^{(1)} = \frac{\sqrt{5}-3}{2} C_1^{(1)}$$
$$-C_1^{(1)} - 3C_2^{(1)} = \frac{\sqrt{5}-3}{2} C_2^{(1)}.$$

Beide Gleichungen sind linear abhängig, also äquivalent, wie man sich leicht überzeugen kann. Interessant, wie wir gleich sehen werden, ist nur die *Richtung* von $\underline{C}^{(1)}$. Wir setzen willkürlich $C_1^{(1)} = 1$ und erhalten

$$\underline{C}^{(1)} = \begin{pmatrix} 1 \\ \frac{\sqrt{5}-3}{2} \end{pmatrix}.$$

Ähnlich für den zweiten Eigenwert gilt

$$\underline{C}^{(2)} = \begin{pmatrix} 1 \\ \frac{-\sqrt{5}-3}{2} \end{pmatrix},$$

und zwei Lösungen der Differentialgleichung (4.8) lauten also

$$\underline{Z}^{(1)} = \underline{C}^{(1)} e^{\lambda_1 t}$$
$$\underline{Z}^{(2)} = \underline{C}^{(2)} e^{\lambda_2 t}.$$

Da (4.8) linear ist, behaupten wir, daß eine allgemeinere Lösung eine lineare Kombination dieser beiden spezifischen Lösungen ist, also für zwei beliebige Konstanten $\alpha$ und $\beta$ die Form

$$\underline{Z}(t) = \alpha \underline{C}^{(1)} e^{\lambda_1 t} + \beta \underline{C}^{(2)} e^{\lambda_2 t} \tag{4.15}$$

hat. Wir zeigen dies wie folgt. Es gelte

$$\underline{Z} = \alpha \underline{Z}^{(1)} + \beta \underline{Z}^{(2)}.$$

Somit erhalten wir durch Differenzieren

$$\begin{aligned}\dot{\underline{Z}} &= \alpha \dot{\underline{Z}}^{(1)} + \beta \dot{\underline{Z}}^{(2)} \\ &= \alpha \mathbf{A} \cdot \underline{Z}^{(1)} + \beta \mathbf{A} \cdot \underline{Z}^{(2)}, \text{ da } \underline{Z}^{(1)} \text{ und } \underline{Z}^{(2)} \text{ Lösungen sind} \\ &= \mathbf{A} \cdot (\alpha \underline{Z}^{(1)} + \beta \underline{Z}^{(2)}) \\ &= \mathbf{A} \cdot \underline{Z},\end{aligned}$$

woraus die Behauptung folgt.

Eben, weil $\alpha$ und $\beta$ beliebig sind, interessiert uns die Länge - genauer gesagt die *Normierung* - der Eigenvektoren $\underline{C}^{(1)}$ und $\underline{C}^{(2)}$ nicht.

Es ist klar, daß die Eigenwerte nicht notwendigerweise reelle Zahlen sind. Im obigen Beispiel mit $c = 1$, anstatt $c = 3$ (schwache Dämpfung) ist die Systemmatrix durch

$$\mathbf{A} = \begin{pmatrix} 0 & 1 \\ -1 & -1 \end{pmatrix}$$

gegeben mit

$$\mathrm{Sp}\mathbf{A} = -1, \quad \mathrm{Det}\mathbf{A} = 1.$$

Die Eigenwerte sind komplex:

$$\lambda_{1(2)} = \frac{-1 \pm \sqrt{1-4}}{2} = -1/2 \pm i\sqrt{3}/2.$$

Komplexe Eigenwerte zweidimensionaler Systeme treten wie hier immer nur paarweise oder *konjugiert* auf:

$$\lambda_{1(2)} = p \pm iq,$$

wobei $p, q$ reelle Zahlen sind.

Die entsprechenden Eigenvektoren $\underline{C}^{(1)}$, $\underline{C}^{(2)}$ sind ebenfalls komplex, doch die Form der allgemeinen Lösung (4.15) bleibt natürlich:

$$\underline{Z}(t) = \alpha \underline{C}^{(1)} e^{\lambda_1 t} + \beta \underline{C}^{(2)} e^{\lambda_2 t}.$$

Wir müssen nur die Fallunterscheidung beachten: $\lambda_1$, $\lambda_2$ sind entweder

1. beide reelle Zahlen oder

2. ein konjugiertes Paar $p \pm iq$.

Die konstanten Größen $\alpha$ und $\beta$ lassen sich aus den Anfangsbedingungen bestimmen:

$$\underline{Z}(t=0) = \underline{Z}^0 = \alpha \underline{C}^{(1)} + \beta \underline{C}^{(2)}$$

oder

$$\begin{aligned} Z_1^0 &= \alpha C_1^{(1)} + \beta C_1^{(2)} \\ Z_2^0 &= \alpha C_2^{(1)} + \beta C_2^{(2)}, \end{aligned}$$

worauf wir die Cramersche Regel (4.11) anwenden können. ($\underline{C}^{(1)}$ und $\underline{C}^{(2)}$ sind ja bekannt.)

### 4.1.4 Stabilität

Endlich haben wir das nötige Werkzeug, um die Stabilität eines linearen dynamischen Systems wie (4.8) zu untersuchen.

Für Gleichgewicht gilt $\dot{\underline{Z}} = \underline{0}$, d. h. die Koordinaten $(Z_1, Z_2)$ des Gleichgewichtspunktes im Zustandsraum sind durch die homogene Gleichungen

$$\begin{aligned} a_{11}Z_1 + a_{12}Z_2 &= 0 \\ a_{21}Z_1 + a_{22}Z_2 &= 0, \end{aligned}$$

bzw.

$$\mathbf{A} \cdot \underline{Z} = \underline{0}$$

gegeben. Wir erwarten im allgemeinen, daß die Systemmatrix $\mathbf{A}$ nicht singulär ist, also, daß $\operatorname{Det} \mathbf{A} \neq 0$ gilt. Es existiert demnach nur die triviale Lösung

$$\underline{Z} = \underline{0},$$

d. h. $Z_1 = 0$, $Z_2 = 0$ ist das einzige Gleichgewicht, in Übereinstimmung mit Abbildung 4.2.

Es seien nun $\lambda_1$ und $\lambda_2$ die Eigenwerte der Systemmatrix $\mathbf{A}$. Wie oben unterscheiden wir 2 Fälle:

1. Beide Eigenwerte sind reelle Zahlen. Falls $\lambda_1$ und $\lambda_2$ *negativ* sind, dann laufen alle Bahnen im Zustandsraum auf den Gleichgewichtspunkt $\underline{Z} = \underline{0}$ zu, wie aus (4.15) leicht zu sehen ist. Das Gleichgewicht ist *asymptotisch stabil*. Ist mindestens ein Eigenwert aber *positiv*, wird (4.15) beliebig groß mit zunehmender Zeit. Das Gleichgewicht ist instabil.

2. Die Eigenwerte treten als konjugiertes Paar $p \pm iq$ auf. Gl. (4.15) läßt sich dann umformen als

$$\underline{Z}(t) = e^{pt}[\alpha \underline{C}^{(1)} e^{iqt} + \beta \underline{C}^{(2)} e^{-iqt}]. \tag{4.16}$$

Wir erinnern uns (vgl. Gleichung (3.4)), daß die Funktionsform $e^{\pm iqt}$ einer periodischen Schwankung entspricht. Falls $p$, d. h., falls der *Realteil* von $\lambda_1$ bzw. $\lambda_2$, negativ ist, dann ist das Gleichgewicht wiederum asymptotisch stabil.

Es ergibt sich also folgende elegante Regel:

- *Es sei $\dot{\underline{Z}} = \mathbf{A} \cdot \underline{Z}$ ein lineares dynamisches System mit nichtsingulärer Systemmatrix $\mathbf{A}$. Der Zustand $\underline{Z} = \underline{0}$ ist genau dann asymptotisch stabil, wenn die Realteile der Eigenwerte von $\mathbf{A}$ negativ sind.*

Noch eleganter: Diese Regel gilt auch für lineare Systeme beliebiger Dimension!

Für zweidimensionale Systeme brauchen wir uns nicht die Mühe zu machen, die Eigenwerte zu bestimmen, denn aus

$$\lambda_{1(2)} = \frac{1}{2}(\mathrm{Sp}\mathbf{A} \pm \sqrt{(\mathrm{Sp}\mathbf{A})^2 - 4\mathrm{Det}\mathbf{A}}).$$

folgt sofort

$$\begin{aligned} \lambda_1 + \lambda_2 &= \mathrm{Sp}\mathbf{A} \\ \lambda_1 \cdot \lambda_2 &= \mathrm{Det}\mathbf{A}. \end{aligned} \tag{4.17}$$

Für asymptotische Stabilität verlangen wir deshalb nur

$$\mathrm{Sp}\mathbf{A} < 0 \text{ und } \mathrm{Det}\mathbf{A} > 0.$$

Es ist leicht nachzuprüfen, daß diese Vorschrift auch den Fall komplexer Eigenwerte abdeckt (Übung 2).

Gleichungen (4.17) gelten ebenfalls für quadratische Matrizen beliebiger Dimension $n$:

$$\begin{aligned} \mathrm{Sp}\mathbf{A} &= \lambda_1 + \lambda_2 + \ldots + \lambda_n, \\ \mathrm{Det}\mathbf{A} &= \lambda_1 \cdot \lambda_2 \cdot \ldots \cdot \lambda_n, \end{aligned}$$

wobei $\lambda_1 \ldots \lambda_n$ die Eigenwerte von $\mathbf{A}$ sind.

## 4.2 Das Verfahren der Linearisierung

Ein nichtlineares, autonomes Gleichungssystem mit zwei Zustandsvariablen, wie z. B. das Konkurrenzmodell (1.8), schreibt man ganz allgemein als

$$\begin{aligned}\dot{Z}_1 &= f_1(Z_1, Z_2)\\ \dot{Z}_2 &= f_2(Z_1, Z_2),\end{aligned} \tag{4.18}$$

oder, in der uns inzwischen wohlvertrauten Vektorschreibweise, als

$$\underline{\dot{Z}} = \underline{f}(Z_1, Z_2),$$

wobei

$$\underline{f}(Z_1, Z_2) = \begin{pmatrix} f_1(Z_1, Z_2) \\ f_2(Z_1, Z_2) \end{pmatrix}.$$

Wir nehmen an, daß $f_1$ und $f_2$ beliebige (aber 'glatte') nichtlineare Funktionen sind. Noch kompakter schreiben wir

$$\underline{\dot{Z}} = \underline{f}(\underline{Z}). \tag{4.19}$$

(Man beachte: Ein *lineares* dynamisches System ist ein Spezialfall von (4.19) und entspricht $\underline{f}(\underline{Z}) = \mathbf{A} \cdot \underline{Z}$.)

Obwohl für (4.18) bzw. (4.19) im allgemeinen keine explizite Lösung $\underline{Z}(t)$ existiert, kann man die Gleichgewichtszustände bestimmen, wie wir im Falle des Konkurrenzmodells schon gesehen haben. Es ist auch vielfach möglich, die *stabilen* Zustände vorauszusagen, aufbauend auf den Stabilitätseigenschaften linearer Systeme. Wie dies funktioniert, zeigen wir nun.

Es sei $(Z_1, Z_2)$ ein Punkt im Zustandsraum des Systems (4.19), und zwar in der Nähe eines Gleichgewichtspunktes $(Z_1^0, Z_2^0)$, siehe Abbildung 4.9. Dann gilt entsprechend einer Taylorschen Reihenentwicklung um $(Z_1^0, Z_2^0)$ die Approximation, (die ersten drei Glieder in (3.3)):

$$\begin{aligned} f_1(Z_1, Z_2) \approx f_1(Z_1^0, Z_2^0) &+ (Z_1 - Z_1^0)\frac{\partial f_1(Z_1^0, Z_2^0)}{\partial Z_1} \\ &+ (Z_2 - Z_2^0)\frac{\partial f_1(Z_1^0, Z_2^0)}{\partial Z_2} \end{aligned} \tag{4.20}$$

und ähnlich für $f_2(Z_1, Z_2)$.

Wir definieren die (kleinen) Zahlen $u_1$ und $u_2$ gemäß

$$\begin{aligned} Z_1 &= Z_1^0 + u_1 \\ Z_2 &= Z_2^0 + u_2. \end{aligned} \tag{4.21}$$

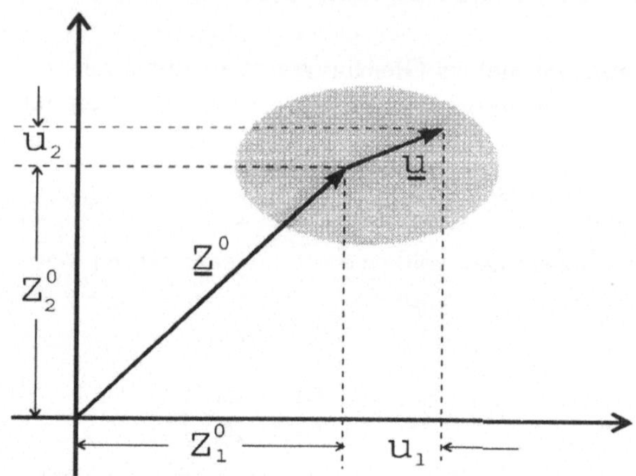


**Abbildung 4.9:** Der Bereich um einen Gleichgewichtspunkt

Aus (4.18), (4.20) und (4.21) folgt:

$$\dot{Z}_1 = \dot{u}_1 = f_1(Z_1^0, Z_2^0) + u_1 \frac{\partial f_1(Z_1^0, Z_2^0)}{\partial Z_1} + u_2 \frac{\partial f_1(Z_1^0, Z_2^0)}{\partial Z_2}$$
$$\dot{Z}_2 = \dot{u}_2 = f_2(Z_1^0, Z_2^0) + u_1 \frac{\partial f_2(Z_1^0, Z_2^0)}{\partial Z_1} + u_2 \frac{\partial f_2(Z_1^0, Z_2^0)}{\partial Z_2}.$$

Aber da $(Z_1^0, Z_2^0)$ ein Gleichgewicht ist, gilt:

$$f_1(Z_1^0, Z_2^0) = f_2(Z_1^0, Z_2^0) = 0.$$

Also erhalten wir

$$\dot{u}_1 = \frac{\partial f_1(Z_1^0, Z_2^0)}{\partial Z_1} u_1 + \frac{\partial f_1(Z_1^0, Z_2^0)}{\partial Z_2} u_2$$
$$\dot{u}_2 = \frac{\partial f_2(Z_1^0, Z_2^0)}{\partial Z_1} u_1 + \frac{\partial f_2(Z_1^0, Z_2^0)}{\partial Z_2} u_2,$$

oder, als Vektorgleichung,

$$\underline{\dot{u}} = \mathbf{J} \cdot \underline{u}. \tag{4.22}$$

Die Matrix **J** wird *Jacobische Matrix* genannt, nach C. G. Jacobi (1804-1851):

$$\mathbf{J} = \begin{pmatrix} \frac{\partial f_1(Z_1^0, Z_2^0)}{\partial Z_1} & \frac{\partial f_1(Z_1^0, Z_2^0)}{\partial Z_2} \\ \frac{\partial f_2(Z_1^0, Z_2^0)}{\partial Z_1} & \frac{\partial f_2(Z_1^0, Z_2^0)}{\partial Z_2} \end{pmatrix}. \tag{4.23}$$

Gleichung (4.22) hat dieselbe Gestalt wie (4.8): In der Nähe des Gleichgewichts ist das System *linear* mit Systemmatrix (4.23). Wir haben das nichtlineare System (4.19) *linearisiert* und können nun die Stabilitätsregeln der vorangegangenen Diskussion anwenden!

### 4.2.1 Das Konkurrenzmodell (schon wieder)

Mittels Linearisierung ist eine vollständige Stabilitätsanalyse des Modells (1.8) möglich. Der Einfachheit halber setzen wir die Wachstums- und Sättigungsparameter alle auf eins:

$$s = r = K = L = 1.$$

Wir erhalten dann aus (1.8)

$$\begin{aligned} \dot{Z}_1 &= Z_1(1 - Z_1) - \alpha Z_1 Z_2 &&= f_1(Z_1, Z_2) \\ \dot{Z}_2 &= Z_2(1 - Z_2) - \beta Z_1 Z_2 &&= f_2(Z_1, Z_2). \end{aligned}$$

Die für (4.23) benötigten partiellen Ableitungen sind demnach:

$$\begin{aligned} \frac{\partial f_1}{\partial Z_1} &= 1 - 2Z_1 - \alpha Z_2, & \frac{\partial f_1}{\partial Z_2} &= -\alpha Z_1, \\ \frac{\partial f_2}{\partial Z_1} &= -\beta Z_2, & \frac{\partial f_2}{\partial Z_2} &= 1 - 2Z_2 - \beta Z_1. \end{aligned}$$

Die vier Gleichgewichtspunkte des Systems sind nun:

1) $Z_1 = 0, \quad Z_2 = 0,$
2) $Z_1 = 0, \quad Z_2 = 1,$
3) $Z_1 = 1, \quad Z_2 = 0$ und
4) am Schnittpunkt der Geraden
   $1 - Z_1 - \alpha Z_2 = 0$ und $1 - Z_2 - \beta Z_1 = 0.$

*1. Gleichgewicht:*

$$\begin{aligned} Z_1^0 &= Z_2^0 = 0 \\ \mathbf{J} &= \begin{pmatrix} 1 & 0 \\ 0 & 1 \end{pmatrix} \\ \mathrm{Det}\mathbf{J} &= 1 > 0 \\ \mathrm{Sp}\mathbf{J} &= 2 > 0 \end{aligned}$$

$\longrightarrow$ instabil, wie vermutet.

*2. Gleichgewicht:*

$$Z_1^0 = 0,\ Z_2^0 = 1$$

$$\mathbf{J} = \begin{pmatrix} 1-\alpha & 0 \\ -\beta & -1 \end{pmatrix}$$

$$\mathrm{Det}\mathbf{J} = \alpha - 1 > 0 \text{ falls } \alpha > 1$$

$$\mathrm{Sp}\mathbf{J} = -\alpha < 0$$

$$\longrightarrow \text{ asymptotisch stabil für } \alpha > 1 \text{ (starke Konkurrenz).}$$

*3. Gleichgewicht:*

$$Z_1^1 = 1,\ Z_2^0 = 0$$

$$\mathbf{J} = \begin{pmatrix} -1 & -\alpha \\ 0 & 1-\beta \end{pmatrix}$$

$$\mathrm{Det}\mathbf{J} = \beta - 1 > 0 \text{ falls } \beta > 1$$

$$\mathrm{Sp}\mathbf{J} = -\beta < 0$$

$$\longrightarrow \text{ asymptotisch stabil für } \beta > 1 \text{ (starke Konkurrenz).}$$

Falls $\alpha > 1$ *und* $\beta > 1$ gibt es zwei stabile Endzustände.

*4. Gleichgewicht:*

Der 4. Gleichgewichtspunkt liegt an den Koordinaten (Cramershe Regel anwenden!):

$$Z_1^0 = \frac{1-\alpha}{1-\alpha\beta}, \quad Z_2^0 = \frac{1-\beta}{1-\alpha\beta}. \tag{4.24}$$

Die Jacobischen Matrixelemente sind etwas komplizierter, z. B. gilt

$$\begin{aligned} \frac{\partial f_1(Z_1^0, Z_2^0)}{\partial Z_1} &= 1 - 2\frac{1-\alpha}{1-\alpha\beta} - \alpha\frac{1-\beta}{1-\alpha\beta} \\ &= \frac{1-\alpha\beta-2+2\alpha-\alpha+\alpha\beta}{1-\alpha\beta} \\ &= \frac{\alpha-1}{1-\alpha\beta}. \end{aligned}$$

Nach ähnlichen Berechnungen für die restlichen Elemente erhalten wir

$$\mathbf{J} = \begin{pmatrix} \frac{\alpha-1}{1-\alpha\beta} & \frac{-\alpha(1-\alpha)}{1-\alpha\beta} \\ \frac{-\beta(1-\beta)}{1-\alpha\beta} & \frac{\beta-1}{1-\alpha\beta} \end{pmatrix},$$

und folglich

$$\begin{aligned}\mathrm{Det}\mathbf{J} &= \frac{1}{(1-\alpha\beta)^2}[(\alpha-1)(\beta-1)-\alpha\beta(1-\alpha)(1-\beta)] \\ &= \frac{1}{1-\alpha\beta}[(\alpha-1)(\beta-1)], \\ \mathrm{Sp}\mathbf{J} &= \frac{1}{1-\alpha\beta}[\alpha-1+\beta-1] = \frac{1}{1-\alpha\beta}[\alpha+\beta-2]\end{aligned}$$

Falls gleichzeitig $\alpha < 1$ und $\beta < 1$ gelten (schwache Konkurrenz), gilt:

$$\mathrm{Det}\mathbf{J} > 0,\ \mathrm{Sp}\mathbf{J} < 0 \quad \longrightarrow \quad \text{stabil.}$$

Somit wäre das Konkurrenzmodell vollkommen charakterisiert: Alle möglichen Endzustände sowie die entsprechenden Wertbereiche der Systemparameter sind bekannt. Dennoch werden wir uns die Eigenwerte und Eigenvektoren in der Nähe eines Gleichgewichtes genauer anschauen, denn sie sind in der Theorie dynamischer Systeme von grundsätzlicher Bedeutung.

### 4.2.2 Liapunovexponenten

Mit $\alpha = \beta$ ist die Jacobische Matrix für das 4. Gleichgewicht durch

$$\mathbf{J} = -\frac{1}{1+\alpha}\begin{pmatrix} 1 & \alpha \\ \alpha & 1 \end{pmatrix}$$

gegeben. Spur und Determinante sind also:

$$\mathrm{Sp}\mathbf{J} = \frac{-2}{1+\alpha}, \quad \text{bzw. } \mathrm{Det}\mathbf{J} = \frac{1-\alpha^2}{(1+\alpha)^2}.$$

Aus der charakteristischen Gleichung (4.14) ergeben sich die Eigenwerte

$$\lambda_1 = \frac{\alpha-1}{1+\alpha}, \qquad \lambda_2 = -1$$

und daher die orthogonalen (warum?) Eigenvektoren

$$\underline{C}^{(1)} = \begin{pmatrix} 1 \\ -1 \end{pmatrix}, \quad \underline{C}^{(2)} = \begin{pmatrix} 1 \\ 1 \end{pmatrix}. \tag{4.25}$$

Nun erkennen wir auch die Herkunft der mit der **draw**-Methode gezeichneten Eigenvektoren im Programmlisting 3.1. Sie sind aus (4.24) - Position des Gleichgewichtspunktes - und (4.25) - Orientierung des Vektors[1]- errechnet, und zwar unter den Voraussetzungen $r = s = k = l = 1$ und $\alpha = \beta$, die u. a. garantieren, daß die Eigenvektoren real sind. Sind $\alpha, \beta < 1$, dann ist das Gleichgewicht asymptotisch stabil mit realen negativen Eigenwerten und entspricht einem Punktattraktor oder einem Attraktor mit der Dimension *Null.* Ein Punkt (= Zustand) im Zustandsraum in der Nähe des Attraktors bewegt sich gemäß

$$\underline{u}(t) = A\underline{C}^{(1)}e^{\lambda_1 t} + B\underline{C}^{(2)}e^{\lambda_2 t},$$

$A$ und $B$ beliebig. Die reellen, negativen Eigenwerte $\lambda_1$ und $\lambda_2$ bestimmen also, wie 'schnell' sich das dynamische System seinem Punktattraktor nähert, und zwar *entlang der durch ihre entsprechenden Eigenvektoren gegebenen Richtungen.* Sie werden auch *Liapunovexponenten* genannt, nach dem russischen Mathematiker A. M. Liapunov (1855-1918).

Wie wir im nächsten Kapitel sehen werden, gibt es auch 'ausgedehnte' Attraktoren, d. h. Attraktoren mit Dimension größer Null. Entsprechend muß die Definition der Liapunovexponenten verallgemeinert werden. Wir werden feststellen, daß es nicht nur ausgedehnte Attraktoren gibt, sondern auch welche, die einen *positiven* Liapunovexponenten besitzen. Ein dynamisches System mit einem solchen *seltsamen Attraktor* weist ein *chaotisches* Langzeitverhalten auf. In gewissem Sinne entziehen sich diese Systeme unserer Kenntnis: Sie sind, obwohl mathematisch genau festgelegt, im wahrsten Sinne des Wortes unberechenbar.

## 4.3 Übungen zum vierten Kapitel

1. Bestätigen Sie die Definition der Inverse einer $2 \times 2$ Matrix:

$$\mathbf{A}^{-1} = \frac{1}{\det \mathbf{A}} \begin{pmatrix} a_{22} & -a_{12} \\ -a_{21} & a_{11} \end{pmatrix}.$$

2. Zeigen Sie, daß die aus (4.17) abgeleiteten Stabilitätskriterien für Sp**A** und Det**A** auch für komplexe Eigenwerte gültig sind. Obwohl sich (4.17) für eine beliebige Dimension verallgemeinern läßt, gelten die Stabilitätskriterien bzgl. Sp**A** und Det**A** nur für zweidimensionale dynamische Systeme. Warum?

[1] Die Eigenvektoren in Abbildung 3.2 sehen nicht gerade orthogonal aus, aber dies liegt nur an der Verzerrung des Bildschirms.

3. Untersuchen Sie den Zustandsraum des gedämpften Oszillators mit Programm 4.1 zunächst mit den Systemparametern $k = m = c = 1$, die schwacher Dämpfung und imaginären Eigenwerten entsprechen. Reduzieren Sie den Reibungkoeffizienten auf $c = 0$, um ungedämpfte Schwingungen zu erzeugen. Vergleichen Sie das Fourierspektrum mit der theoretischen Schwingungsfrequenz

$$f = \frac{\sqrt{k/m}}{2\pi}$$

eines reibungsfreien Oszillators.

4. Bestimmen Sie die Eigenwerte und Eigenvektoren der Matrix

$$\mathbf{A} = \begin{pmatrix} 0 & 1 \\ 1 & 0 \end{pmatrix}.$$

Ist das Gleichgewicht $\underline{Z} = \underline{0}$ des entsprechenden dynamischen Systems asymptotisch stabil?

5. Die Bestimmung der Eigenwerte einer quadratischen Matrix **A** beliebiger Dimension entspricht deren *Diagonalisierung*. Falls **A** eindeutige Eigenwerte $\lambda_1, \lambda_2 \ldots \lambda_n$ besitzt, existiert nämlich eine Matrix **U** derart, daß

$$\mathbf{U}^{-1} \cdot \mathbf{A} \cdot \mathbf{U} = \begin{pmatrix} \lambda_1 & 0 & \cdots & 0 \\ 0 & \lambda_2 & \cdots & 0 \\ \vdots & \cdots & \ddots & \vdots \\ 0 & \cdots & 0 & \lambda_n \end{pmatrix}. \tag{4.26}$$

Ferner sind die Spalten von **U** die entsprechenden Eigenvektoren. Bestätigen Sie (4.26) für $n = 2$ anhand Ihrer Lösung von 4.

6. Führen Sie eine Stabilitätsanalyse des Räuber-Beute-Systems (1.9) durch, und zeigen Sie, daß es lediglich einen asymptotisch stabilen Endzustand besitzt. Um die Rechnungen zu vereinfachen, setzen Sie die Parameter $r$, $s$, und $L$ gleich eins.

7. Eine ähnliche Untersuchung der Stabilität des in Aufgabe 4, Kapitel 1, beschriebenen Räuber-Beute-Modells (1.11) führt zu einem zweideutigen Ergebnis: Weder ist das System instabil noch asymptotisch stabil, sondern *neutral stabil.* Bestätigen Sie dies mathematisch sowie mit der Hilfe von **dsolve** durch Simulation. Ist das Verhalten des Systems mit der Approximation (1.12) und mit den Ergebnissen der Übung 4(d) des ersten Kapitels konsistent?

8. Das Modell in Übung 5 des dritten Kapitels entspricht den Gleichungen

$$\begin{aligned}\dot{Z}_1 &= Z_1(1 - Z_1 - \alpha Z_2 - \beta Z_3)\\ \dot{Z}_2 &= Z_2(1 - \beta Z_1 - Z_2 - \alpha Z_3)\\ \dot{Z}_3 &= Z_3(1 - \alpha Z_1 - \beta Z_2 - Z_3).\end{aligned} \tag{4.27}$$

Ferner wird die Determinante einer $3 \times 3$ Matrix wie folgt definiert:

$$\begin{vmatrix} a_{11} & a_{12} & a_{13} \\ a_{21} & a_{22} & a_{23} \\ a_{31} & a_{32} & a_{33} \end{vmatrix} = a_{11} \cdot \begin{vmatrix} a_{22} & a_{23} \\ a_{32} & a_{33} \end{vmatrix} - a_{12} \cdot \begin{vmatrix} a_{21} & a_{23} \\ a_{31} & a_{33} \end{vmatrix} + a_{13} \cdot \begin{vmatrix} a_{21} & a_{22} \\ a_{31} & a_{32} \end{vmatrix}. \tag{4.28}$$

(a) Zeigen Sie, daß (4.27) u. a. die vier Fixpunkte

$$\begin{pmatrix} 1 \\ 0 \\ 0 \end{pmatrix}, \begin{pmatrix} 0 \\ 1 \\ 0 \end{pmatrix}, \begin{pmatrix} 0 \\ 0 \\ 1 \end{pmatrix} \text{ und } \frac{1}{1+\alpha+\beta} \begin{pmatrix} 1 \\ 1 \\ 1 \end{pmatrix}$$

besitzt.

(b) Bestimmen Sie die Jacobische Matrix $\mathbf{J}$ am ersten Fixpunkt. Mit

$$\mathbf{I} = \begin{pmatrix} 1 & 0 & 0 \\ 0 & 1 & 0 \\ 0 & 0 & 1 \end{pmatrix}$$

können wir die charakteristische Gleichung als

$$\mathrm{Det}(\mathbf{J} - \lambda \mathbf{I}) = 0$$

schreiben, eine *kubische* Gleichung in $\lambda$ mit dementsprechend drei Wurzeln oder Eigenwerten. Bestimmen Sie diese, und zeigen Sie, daß der Fixpunkt genau dann stabil ist, wenn $\alpha > 1$ und $\beta > 1$. (Das gleiche gilt übrigens für den zweiten und dritten Fixpunkt.)

(c) (Schwierig) Führen Sie eine ähnliche Stabilitätsanalyse durch für den 4. Gleichgewichtspunkt durch, um zu zeigen, daß er stabil ist, falls $\alpha + \beta < 2$.

(d) Die Parameterwerte $\alpha = 1,5$ und $\beta = 0,7$ in Übung 5 im dritten Kapitel waren also so gewählt, daß alle vier Fixpunkte instabil sind. Untersuchen Sie einige andere Möglichkeiten mit **dsolve**.

# Kapitel 5

# Bifurkation und Chaos

*There is nothing stable in the world;*
*Uproar's your only music.*
- John Keats

Das folgende Räuber-Beute-Modell besitzt unter Umständen einen ausgedehnten Attraktor [4]:

$$\begin{aligned} \dot{Z}_1 &= rZ_1\Big(1 - \frac{Z_1}{\nu Z_2}\Big) \\ \dot{Z}_2 &= sZ_2\Big(1 - \frac{Z_2}{L}\Big) - \frac{\beta Z_1 Z_2}{\alpha + Z_2}. \end{aligned} \tag{5.1}$$

Beide Tierbestände wachsen zunächst logistisch heran, wobei der Sättigungsparameter ($K = \nu Z_2$) im Falle der Raubtiere ($Z_1$) nicht konstant bleibt, sondern im Verhältnis zur Beute mitwächst. Falls die Beutetiere knapp sind (d. h. $Z_2 \ll \alpha$), werden sie von hungrigen Raubtieren mit einer Geschwindigkeit geerntet, die vom Produkt der Bevölkerungszahlen abhängt, nämlich

$$-\frac{\beta}{\alpha} Z_1 Z_2.$$

In Zeiten des Überflusses (d. h. $Z_2 \gg \alpha$) werden die Raubtiere satt und ernten nur im Verhältnis zu ihrer eigenen Bevölkerungszahl, also gemäß $-\beta Z_1$.

## 5.1 Ein Grenzzyklus

Das System (5.1) ist im Gleichgewicht, falls gilt

$$rZ_1\left[1 - \frac{Z_1}{\nu Z_2}\right] = 0$$

$$Z_2\left[s\left(1 - \frac{Z_2}{L}\right) - \frac{\beta Z_1}{\alpha + Z_2}\right] = 0,$$

also falls gilt

1) $Z_1 = 0$ und $Z_2 = L$ oder

2) $Z_1 = \nu Z_2$ und $Z_1 = \dfrac{s(\alpha + Z_2)}{\beta}\left(1 - \dfrac{Z_2}{L}\right)$.

Der erste Gleichgewichtspunkt ist instabil, wie eine Stabilitätsanalyse mit dem Linearisierungsverfahren zeigt (Übung 1).

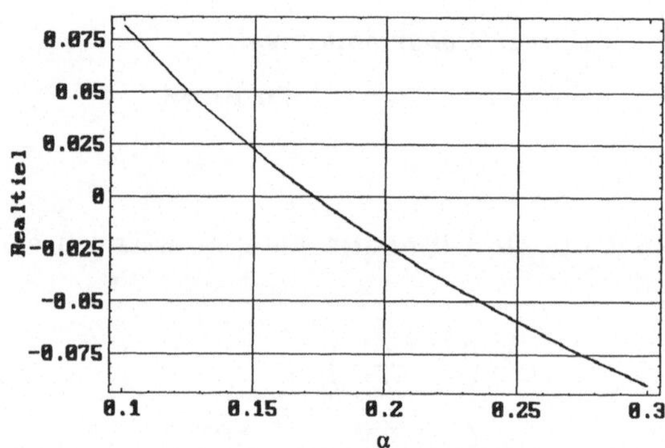


**Abbildung 5.1:** Realteil der lokalen Eigenwerte in der Nähe des zweiten Gleichgewichts des Systems (5.1) als Funktion von $\alpha$, für $s = L = \nu = \beta = 1$ und $r = 0,1$

Der zweite Gleichgewichtspunkt liegt wieder an der Schnittstelle von zwei Isoklinen, von denen eine quadratisch ist. Die Linearisierung ist nachwievor einfach, aber ziemlich mühsam. Aus Bequemlichkeit bestimmen wir die lokalen Eigenwerte zunächst numerisch mittels eines geeigneten Computerprogramms.[1] Der Leser wird in Übung 2 durch eine analytische Betrachtung geleitet.

[1] *Mathematica* [14] z. B. eignet sich ausgezeichnet hierfür.

Es stellt sich heraus, daß die Eigenwerte der Jacobi-Matrix in konjugierter Form auftreten. Für Systemparameter $s = L = \nu = \beta = 1$ und $r = 0,1$ ist deren gemeinsamer Realteil als Funktion von $\alpha$ in Abbildung 5.1 aufgetragen. Er wird, wie man sieht, für ein hinreichend kleines $\alpha$ positiv. Das zweite Gleichgewicht wird also auch instabil, falls $\alpha$ einen bestimmten Grenzwert unterschreitet, hier etwa bei 0,17 liegend.

---

```
program rbeute;
uses graph,dsolve;
const r     = 0.1;  { Wachstumsate fuer Raubtiere }
      s     = 1;    { Ditto fuer Beutetiere }
      v     = 1;    { Saettigungsparameter fuer Raubtiere }
      L     = 1;    { Ditto fuer Beutetiere }
      alpha = 0.15; { Abbausaettigungsparameter  }
      beta  = 1;    { Abbauparameter}
type TpredPreyModel = object(Tsimulation)
                       procedure equations(t:real; Z:array4;
                                 var dZdt:array4); virtual;
                       procedure draw; virtual;
                     end;
procedure TpredPreyModel.equations;
begin
   dZdt[1]:= r*Z[1]*(1-Z[1]/(v*Z[2]));
   dZdt[2]:= s*Z[2]*(1-Z[2]/L) - beta*Z[1]*Z[2]/(alpha+Z[2])
end;
procedure TpredPreyModel.draw;
    function x(y: real): real;  { quadratische Isokline }
    begin
       x:= s*(alpha+y)*(1-y/L)/beta
    end;
var Z2,ZZ2: real;
begin
    drawLine(0,0,1,1/v,yellow);  {Isokline zeichnen }
    Z2:=0;  ZZ2:=0;
    while ZZ2<L do begin
       Z2:= Z2+L/100;
       drawLine(x(ZZ2),ZZ2,x(Z2),Z2,yellow);
       ZZ2:= Z2
    end
end;
{}
var PredPreyModel: TpredPreyModel;
begin
   with PredPreyModel do begin
      initialize(0,1,0,1,200,2,1,'Raeuber-Beute');
      go
   end
end.
```

---

**Listing 5.1** Ein Simulationsprogramm für das Räuber-Beute-Modell (5.1). Die virtuelle Methode **draw** erzeugt die Isoklinen.

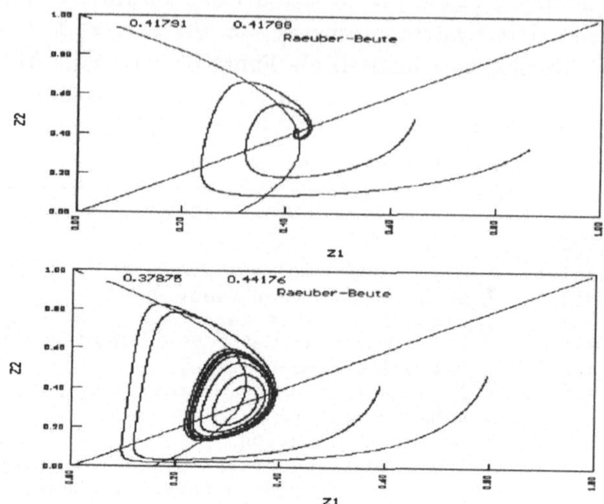


**Abbildung 5.2:** Aus einem Punktattraktor des Systems (5.1) mit $\alpha = 0.3$ (oben) wird ein Grenzzyklus (unten) für $\alpha = 0.15$.

Das Phänomen des Verschwindens eines stabilen Zustands als Funktion eines Systemparameters (hier des Parameters $\alpha$) ist ein Beispiel für eine *Bifurkation*, aus dem englischen *bifurcation* ( = Gabelung oder Abzweigung). Es entstehen dabei stets neue Verhaltensmuster, auf die sich das System jenseits der Bifurkation einstellt. Das System verhält sich dort qualitativ anders und seine Komplexität nimmt im allgemeinen zu.

Aber wenn alle möglichen Gleichgewichtspunkte des Systems instabil sind, *wie* verhält es sich? Das, was jenseits der Bifurkation passiert, zeigt uns das Simulationsprogramm 5.1 und Abbildung 5.2.

Es entsteht ein *Grenzzyklus* oder *periodischer Attraktor*, also eine geschlossene Kurve. Alle Bahnen, ob außerhalb oder innerhalb des Attraktors werden von ihm angezogen. Der Endzustand beider Populationen ist eine periodische Schwingung.[2] Abbildung 5.3 zeigt das von **dsolve** erzeugte Fourierspektrum der Räuberpopulation. Die diskreten Frequenzkomponenten deuten auf Periodizität, siehe Kapitel 3.

[2] Die Schwingungen des Systems (1.9), wie in Übung 6, Kapitel 4, zu zeigen war, sind nur *transienter* Natur.

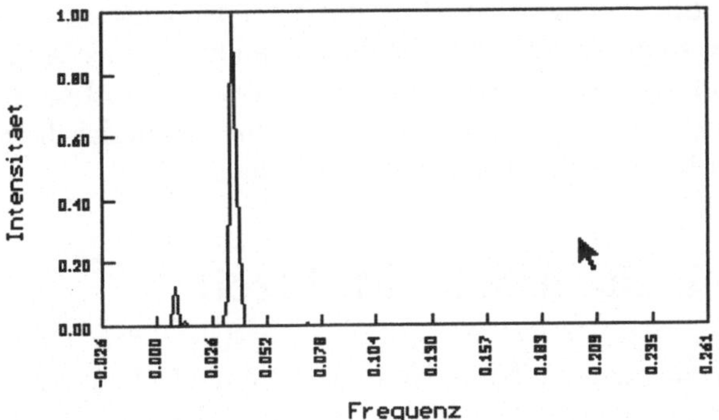


**Abbildung 5.3:** Frequenzspektrum des Systems (5.1) jenseits der Bifurkation.

*Womit die möglichen Endzustände eines dynamischen Systems mit zwei Zustandsvariablen schon erschöpft sind!* Diese Behauptung mag zunächst sehr überraschend klingen, denn nichtlineare Differentialgleichungssysteme, auch solche mit nur zwei abhängigen Variablen, können beliebig kompliziert sein. Warum gibt es keine zweidimensionalen Systeme mit komplexerem Langzeitverhalten als Punktattraktoren oder periodische Zyklen? Hier zeigt sich die große Stärke der Theorie der qualitativen Dynamik: Es liegt an den topologischen Eigenschaften des zweidimensionalen Raums selbst. Ein grundlegender Satz der Theorie, der *Satz von Poincaré und Bendixon* [12], besagt nämlich, daß für ein differenzierbares dynamisches System von der Form

$$\dot{Z}_1 = f_1(Z_1, Z_2)$$
$$\dot{Z}_2 = f_2(Z_1, Z_2),$$

eine Bahn, die in einem begrenzten Bereich des Zustandsraums verbleibt, ohne einen Fixpunkt zu erreichen, entweder bereits eine geschlossene Kurve ist oder eine solche asymptotisch erreicht. Mit anderen Worten, entweder beobachten wir Punktattraktoren oder periodische Zyklen als Endzustände. Es gibt nichts anderes.

Der Beweis dieser Behauptung würde den Rahmen dieses Buches sprengen, aber er beruht im wesentlichen auf dem Determinismus (siehe Kapitel 3) und auf der Tatsache, daß eine einfach geschlossene Kurve, wie ein Grenzzyklus, eine Fläche in genau zwei nicht zusammenhängende Teile zerlegt.

Die Aussage gilt wohlbemerkt allein für zwei Dimensionen. Nichtlineare dynamische Systeme mit drei oder mehr Zustandsvariablen sind nicht an sie gebunden, und es entsteht manchmal in der Tat stabiles Langzeitverhalten mit komplizierterer, man kann sogar sagen, mit unendlich komplizierterer Struktur. Als Beispiel dafür genießen wir nun ...

## 5.2 Eine chaotische Mahlzeit

Wir kommen abermals auf das Konkurrenzmodell (1.8) zurück. Mit einer trivialen Umnumerierung der Zustandsvariablen erhalten wir das Gleichungssystem

$$\begin{aligned} \dot{Z}_2 &= rZ_2\Big(1 - Z_2/K\Big) - \alpha Z_2 Z_3 \\ \dot{Z}_3 &= sZ_3\Big(1 - Z_3/L\Big) - \beta Z_2 Z_3 \end{aligned}$$

als Modell für den Bestand der jeweiligen Tierarten. Nun lassen wir eine Raubtierpopulation $Z_1$ auf sie los. Ein sehr naheliegendes Modell hierfür (vgl. System (1.9)) ist durch das erweiterte Gleichungssystem

$$\begin{aligned} \dot{Z}_1 &= -qZ_1 + \mu Z_1 Z_2 + \nu Z_1 Z_3 \\ \dot{Z}_2 &= rZ_2\Big(1 - Z_2/K\Big) - \alpha Z_2 Z_3 - \gamma Z_1 Z_2 \\ \dot{Z}_3 &= sZ_3\Big(1 - Z_3/L\Big) - \beta Z_2 Z_3 - \delta Z_1 Z_3 \end{aligned} \tag{5.2}$$

gegeben. Das Abernten durch die Raubtiere verursacht eine zusätzliche Beeinträchtigung des logistischen Wachstums der miteinander konkurrierenden Beutepopulationen, gemäß Systemparameter $\gamma$ und $\delta$. Gleichzeitig werden die Räuber gemäß $\mu$ und $\nu$ nur durch das Vorhandensein der Beute vom Aussterben gerettet.

Listing 5.2 zeigt die übliche Programmierung mit der Unit **dsolve**. Eine genaue Untersuchung der dort gewählten Parameterwerte verrät folgende Annahmen bzgl. dieses kleinen Ökosystems [15]:

- Den Raubtieren schmeckt Beute $Z_3$ bei weitem am besten ($\delta \gg \gamma$). Sie gedeihen ($\nu > \mu$) besonders dann, wenn diese reichlich vorhanden ist.
- Die von den Raubtieren bevorzugten Beutetiere $Z_3$ fahren in ihrem Konkurrenzkampf mit $Z_2$ am besten ($\beta < \alpha$).

```
program rbeute3;
uses graph,dsolve;
const  r =        1;       { Wachstumsrate von Beutetieren Z2 }
       s =        1;       { Ditto Z3}
       q =        1;       { Sterberate der Raeuber Z1 }
       K =        1000;    { Saettigung Z2 }
       L =        1000;    { Ditto Z3 }
       alpha =    0.0015;  { Konkurrenzeffekt auf Z2 }
       beta  =    0.001;   { Ditto Z3 }
       gamma =    0.001;   { Raubbauparameter fuer Z2 }
       delta =    0.015;   { Ditto Z3 }
       mu    =    0.0005;  { Zunahme der Raeuber wg. Z2 }
       nu    =    0.002;   { Ditto Z3 }
type TpredPreyModel = object(Tsimulation)
       procedure equations(t: real; Z: array4;
                                var dZdt: array4); virtual;
       procedure jacobian(Z:array4;
                                     var DZ:array4x4); virtual;
     end;
procedure TpredPreyModel.equations;
begin
   dZdt[1] := -q*Z[1]+mu*Z[1]*Z[2]+nu*Z[1]*Z[3];
   dZdt[2] :=  r*Z[2]*(1-Z[2]/K)-alpha*Z[2]*Z[3]-gamma*Z[1]*Z[2];
   dZdt[3] :=  s*Z[3]*(1-Z[3]/L)-beta*Z[2]*Z[3]-delta*Z[1]*Z[3]
end;
procedure TpredPreyModel.jacobian;
begin
   DZ[1,1]:=  -q+mu*Z[2]+nu*Z[3];
   DZ[1,2]:=   mu*Z[1];
   DZ[1,3]:=   nu*Z[1];
   DZ[2,1]:=  -gamma*Z[2];
   DZ[2,2]:=   r-2*Z[2]/K-alpha*Z[3]-gamma*Z[1];
   DZ[2,3]:=  -alpha*Z[2];
   DZ[3,1]:=  -delta*Z[3];
   DZ[3,2]:=  -beta*Z[3];
   DZ[3,3]:=   s-2*Z[3]/L-beta*Z[2]-delta*Z[1]
end;
var predPreyModel: TpredPreyModel;
begin
   with predPreyModel do begin
      initialize(0,160,0,1000,1000,3,2,'CHAOTISCHE MAHLZEIT');
      go;
      liapunov(10)
   end
end.
```

**Listing 5.2** Ein Simulationsprogramm für das Räuber-Zwei-Beute-Modell, Gl. (5.2). Die Kodierung der Jakobischen Matrix ist Voraussetzung für die mit **liapunov** aufgerufene Bestimmung der Liapunov-Exponenten, siehe S. 91.

Es zeigt sich unter Umständen folgendes Verhaltensmuster: Ein Ausbruch von Raubtieren dezimiert die Population $Z_3$, was zu einer Zunahme von $Z_2$ führt. Da letztere weniger ergiebig ist für die Raubtiere, sinkt ihre Zahl wieder drastisch. Langsam erholen sich dann die $Z_3$-Bestände durch erfolgreiche Konkurrenz, um den Weg für einen erneuten Ausbruch der Räuber vorzubereiten usw.

Für die Parameterwerte im Programm 5.2 besitzt das Modell ein stabiles Gleichgewicht. Es liegt an der Schnittstelle der Isoklinen

$$\begin{aligned} -q + \mu Z_2 + \nu Z_3 &= 0 \\ r(1 - Z_2/K) - \alpha Z_3 - \gamma Z_2 &= 0 \\ s(1 - Z_3/L) - \beta Z_2 - \delta Z_1 &= 0. \end{aligned} \tag{5.3}$$

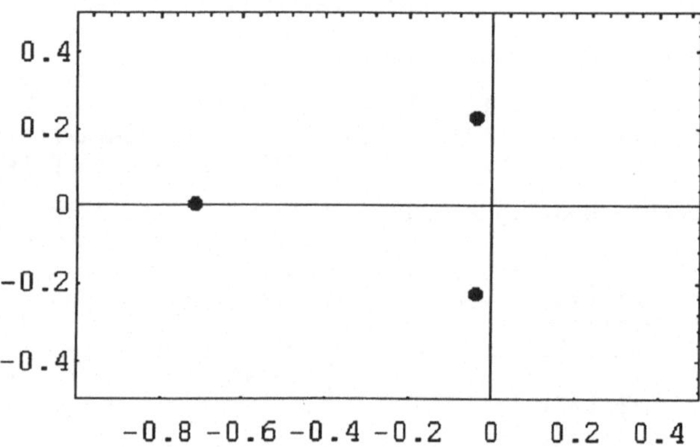


**Abbildung 5.4:** Eigenwerte des Systems (5.2) an dem durch (5.3) gegebenen Fixpunkt, dargestellt in der komplexen Ebene.

Abbildung 5.4 zeigt die Eigenwerte der Jacobischen Matrix, ausgewertet an diesem Fixpunkt. Sie sind in der von C. F. Gauß (1777-1855) eingeführten sogenannten komplexen Ebene dargestellt, mit Realteil entlang der X-Achse und Imaginärteil entlang der Y-Achse. Da das System dreidimensional ist, gibt es drei Eigenwerte, in diesem Fall zwei davon konjugiert komplex, also in der Form $p \pm iq$. Alle Realteile sind offenbar negativ, demnach ist der Fixpunkt asymptotisch stabil. Ein instabiles Verhaltensmuster, wie oben angedeutet, wird deshalb nicht auftreten. Ein Simulationsversuch bestätigt dies, Abbildung 5.5.

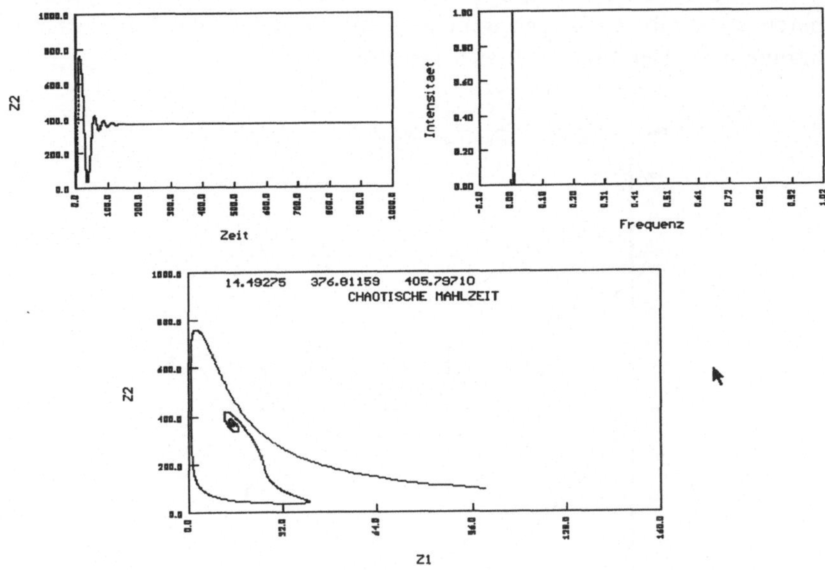


**Abbildung 5.5:** Simulation des Systems (5.2) mit den voreingestellten Parametern von Programm 5.2.

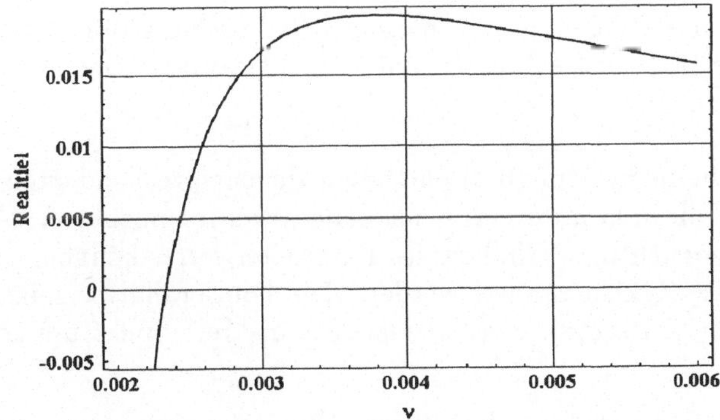


**Abbildung 5.6:** Realteil der komplexen Eigenwerte in Abbildung 5.4 als Funktion des Systemparameters $\nu$. Er wird positiv etwa bei $\nu = 0,0023$.

Betrachten wir aber das dynamische System als Funktion des Systemparameters $\nu$, so gibt es für geringfügig größere $\nu$-Werte eine Bifurkation (Abbildung 5.6). Der Fixpunkt wird instabil.

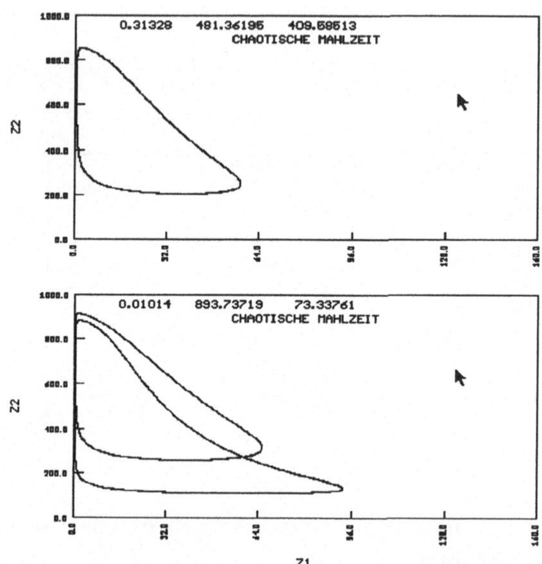


**Abbildung 5.7:** Grenzzyklen des Systems (5.2) für $\nu = 0,003$ (oben) und $\nu = 0,0035$ (unten). Durch zwischenzeitliche Löschung des Zustandsraumplots sind die transienten Bahnen unterdrückt worden. Das untere Bild ist eine Doppelschleife.

Ähnlich wie beim System (5.1) entstehen für entsprechend große $\nu$-Werte Grenzzyklen, diesmal im dreidimensionalen Raum eingebettet (Abbildung 5.7). Durch vorsichtiges Erhöhen des Parameterwertes können sogar mehrfach geschleifte Zyklen erzeugt werden. Die Fourieranalyse zeigt stets das für periodische Zeitsignale charakteristische diskrete Spektrum (Abbildung 5.8).

Bei $\nu = 0,004$ passiert Grundsätzliches. Die Bahn scheint nun von keinem Grenzzyklus mehr angezogen zu sein, sondern zeichnet eine eigenartige, in sich gefaltete Fläche am Bildschirm (Abbildung 5.9). Das Fourierspektrum wird verschmiert, *einer nichtperiodischen Zeitabhängigkeit* entsprechend. Bald treten kleine, bald große Fluktuationen in den Zustandsvariablen auf,

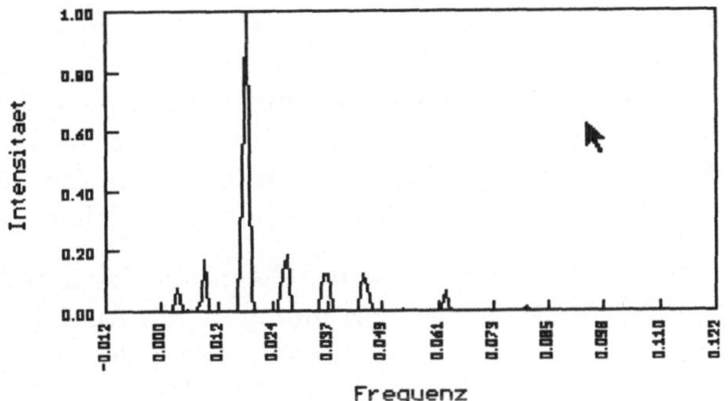


**Abbildung 5.8:** Frequenzspektrum der Variable $Z_2$ in (5.2) bei $\nu = 0,0035$.

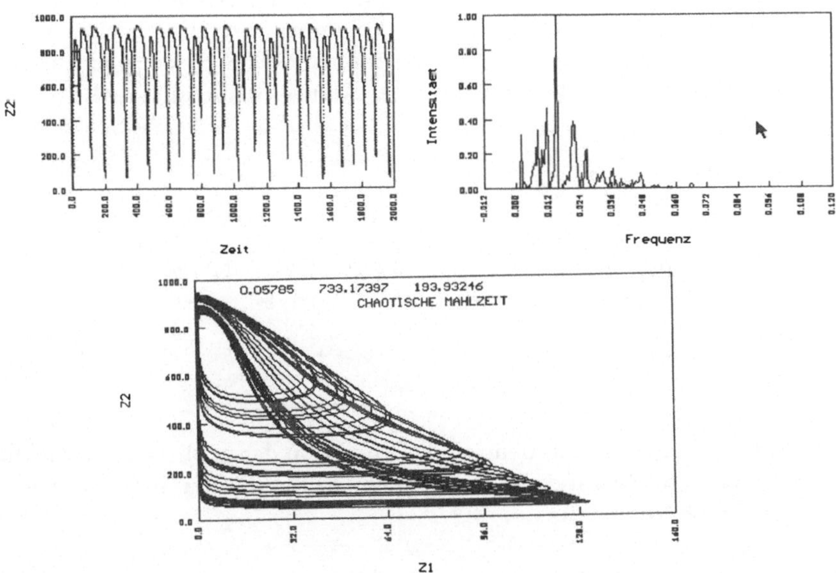


**Abbildung 5.9:** Simulation des Systems (5.2) bei $\nu = 0,004$: Ein seltsamer Attraktor.

anscheinend von purem Zufall gesteuert.

Wir haben unseren ersten *chaotischen* oder *seltsamen Attraktor* erzeugt! Die 'Fläche', auf der die Dynamik sich abzuspielen scheint, ist in Wirklichkeit keine, sondern eine *fraktale Menge* mit Dimension $\approx 2,01$. Sie ist also *fast* zweidimensional, *dehnt sich aber ein wenig aus* in die dritte Dimension. Die Entstehung eines seltsamen Attraktors und die Bestimmung seiner Dimension werden in den nächsten Unterkapiteln näher behandelt.

Interessant ist aber nicht nur die 'seltsame' Geometrie des Attraktors, sondern vielmehr die Dynamik, die sich auf ihm abspielt. Analog zu den drei Eigenwerten eines Punktattraktors im dreidimensionalen Zustandsraum, genauer gesagt zu deren Realteilen (siehe z. B. Abbildung 5.4), kann man drei Liapunovexponenten eines ausgedehnten, in diesem Fall fraktalen Attraktors definieren, Abbildung 5.10 (siehe auch die Diskussion in 4.2.2). Ein positiver Liapunovexponent $\lambda_1$ verursacht eine Streckung entlang einer bevorzugten Richtung, die anderen zwei Exponenten sind stets negativ ($\lambda_3$) bzw. Null ($\lambda_2$ nicht gezeigt). Typischerweise gilt $\lambda_1 + \lambda_3 < 0$, d. h. das von Bahnenbundeln aufgespannte Volumen hat die Tendenz im Verlauf der Zeit abzunehmen. Durch Faltung des Volumens verbleibt die Dynamik in einem begrenzten Bereich des Zustandsraums. Das Strecken und Falten ist letztendlich für die fraktale Struktur des Attraktors verantwortlich.

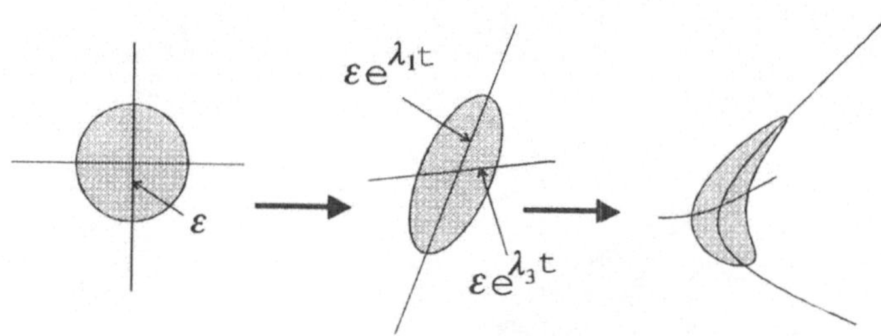


**Abbildung 5.10:** Zweidimensionale Projektion der zeitlichen Entwicklung einer Sphäre im Zustandsraum zu einem Ellipsoid, der sich im weiteren Verlauf verzerrt und faltet.

Systeme, deren Attraktoren einen positiven Liapunovexponent besitzen, haben die Eigenschaft, daß benachbarte Bahnen exponentiell voneinander divergieren. Benachbarte Punkte bleiben zwar zwangsläufig auf dem Attraktor, aber deren Entfernung voneinander wächst zunächst exponential mit der Zeit. Dies nennt man *Empfindlichkeit gegenüber Anfangsbedingun-*

*gen* oder schlicht *deterministisches Chaos*. Gleichgültig mit welcher Genauigkeit die Anfangsbedingungen des Systems bestimmt werden, sein zukünftiges Verhalten läßt sich nicht vorhersagen: Die kleinsten Abweichungen führen nach kurzer Zeit zu völlig verschiedenen Bahnen. Damit geht der Zusammenhang zwischen Vergangenheit (Anfangsbedingungen) und Zukunft verloren, obwohl das System völlig deterministisch ist. Bei den 'normalen' Systemen bleiben 'naheliegende' Zustände im Laufe der Zeit nahe beieinander. Diese Systeme sind daher vorhersagbar. Aus den Anfangswerten läßt sich die zukünftige Entwicklung ermitteln, und diese Entwicklung ist z. B. gegenüber Meßfehlern der Anfangswerte nicht sehr empfindlich. Für dynamisches Verhalten wie in Abbildung 5.9 ist dies nicht der Fall.

Zur Bestimmung von Liapunovexponenten sind numerische Verfahren entwickelt worden, wir werden bald ein solches Verfahren kennenlernen. Tabelle 5.1 zeigt die drei Liapunovexponenten des Gleichungssystems (5.2) als Funktion des Parameters $\nu$, berechnet mit der Methode **liapunov** in der **dsolve** - Umgebung, Listing 5.2. Die Handhabung dieser Methode wird im Anhang erklärt. Die Strukturveränderung bei $\nu \approx 0,004$ wird mit dem Positivwerden eines Exponents begleitet, d. h. mit einem Übergang zum deterministischen Chaos.

**Tabelle 5.1** Liapunovexponenten für das System (5.3).

| $\nu$ | $\lambda_1$ | $\lambda_2$ | $\lambda_3$ |
|---|---|---|---|
| 0,0025 | 0,00 | -0,02 | -0,83 |
| 0,0030 | 0,00 | -0,02 | -0,86 |
| 0,0035 | 0,00 | -0,02 | -0,88 |
| 0,0040 | 0,01 | 0,00 | -0,92 |
| 0,0045 | 0,02 | 0,00 | -0,93 |

## 5.3 Dissipative Systeme

Warum entstehen seltsame Attraktoren und inwiefern sind sie eigentlich seltsam? Schauen wir uns den Zustandsraum genauer an. Die Vektorfunktion $\underline{f}(\underline{Z})$ in (4.19), auch *Vektorfeld* genannt, ordnet jedem Punkt $\underline{Z}$ im Zustandsraum eine Veränderungsrate $\underline{\dot{Z}}$ zu, die wir uns als den *momentanen Geschwindigkeitsvektor* des Punktes auf seiner Reise durch den Zustandsraum vorstellen können, siehe Abbildung 5.11. Abbildung 5.12 zeigt beispielsweise die Geschwindigkeitsvektoren für System (5.2) in einem kleinen Bereich des Zustandsraums. Betrachten wir sämtliche Punkte in einem Volumen des Raumes zur Zeit $t_0$ und dann wieder zu einer späteren Zeit $t_1$, so ergibt sich etwa das Bild in Abbildung 5.10: Das Volumen verschiebt und verformt sich wie eine kompressible Flüssigkeit.

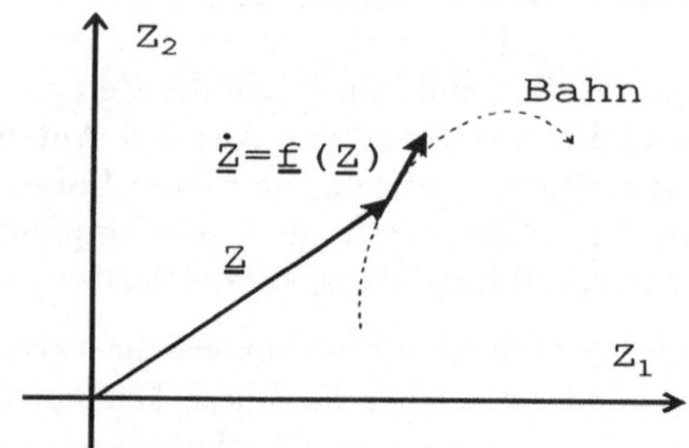


**Abbildung 5.11:** Geschwindigkeitsvektor im Zustandsraum.

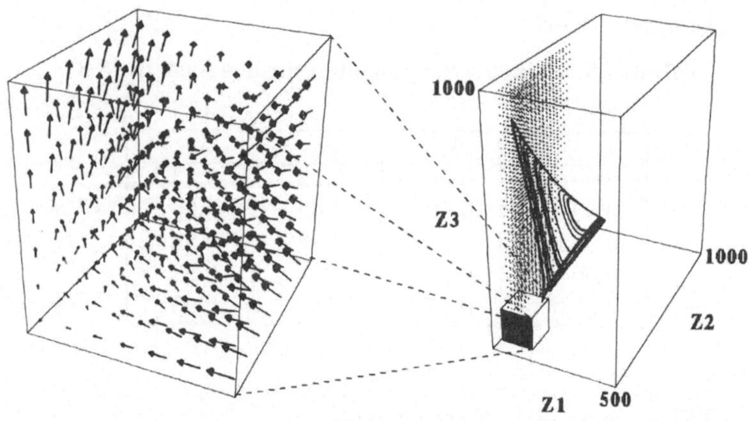


**Abbildung 5.12:** Geschwindigkeitsvektoren in einem Teil des Zustandsraums vom System (5.2). Die Divergenz des Vektorfeldes ist negativ außerhalb des schattierten Bereichs. Dort befindet sich zum größten Teil der seltsame Attraktor.

Ein dynamisches System wird als *dissipativ* bezeichnet, falls es Bereiche im dazugehörigen Zustandsraum gibt, die sich stets mit zunehmender Zeit *verkleinern.* In zwei Dimensionen bedeutet dies die Verkleinerung einer Fläche,

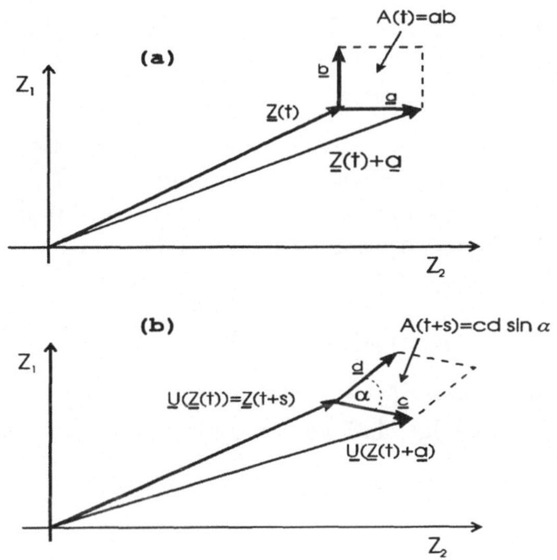


**Abbildung 5.13:** Verschiebung und Verformung einer kleinen Fläche im zweidimensionalen Zustandsraum.

in drei Dimensionen die Verkleinerung eines Volumens. Im Grenzfall $t \to \infty$ wird die Fläche, bzw. das Volumen, gleich Null.

Ein Maß hierfür (siehe z. B. [16]) ist die *Divergenz* des Vektorfeldes $\underline{f}(\underline{Z})$, geschrieben $\mathrm{Div}\underline{f}(\underline{Z})$. In zwei Dimensionen lautet die Definition

$$\mathrm{Div}\underline{f}(\underline{Z}) = \frac{\partial f_1(\underline{Z})}{\partial Z_1} + \frac{\partial f_2(\underline{Z})}{\partial Z_2}. \tag{5.4}$$

Falls $\mathrm{Div}\underline{f}(\underline{Z}) < 0$, verkleinert sich jede Fläche in der Nähe von $\underline{Z}$ stetig mit der Zeit. Abbildung 5.13 und die folgende Diskussion zeigen warum.

Wir betrachten ein zum Zeitpunkt $t$ an der Stelle $(Z_1(t), Z_2(t))$ im Zustandsraum gelegenes, kleines Rechteck mit Seitenlängen $a$ und $b$, Abbildung 5.13(a). Die Positionen der beiden unteren Ecken des Rechtecks können wir mit den Vektoren

$$\underline{Z}(t) = Z_1(t)\underline{i} + Z_2(t)\underline{j} \quad \text{und}$$
$$\underline{Z}(t) + \underline{a} = (Z_1(t) + a)\underline{i} + Z_2(t)\underline{j}$$

angeben, wobei wir die in Kapitel 4 eingeführten Einheitsvektoren $\underline{i}$ und $\underline{j}$

verwendet haben. Die Fläche $A$ des Rechtecks beträgt offensichtlich

$$A(t) = ab.$$

Nach einem kleinen Zeitschritt $s$, $s \ll 1$, verschiebt und verformt sich die Fläche zu einem Parallelogram, etwa wie in Abbildung 5.13(b) dargestellt. Die neue Position $\underline{Z}(t+s)$ der unteren linken Ecke ist vollständig bestimmt (Determinismus!) durch den Ausgangszustand $\underline{Z}(t)$, sagen wir gemäß irgendeiner noch zu bestimmenden Funktion $\underline{U}$. Es gilt also

$$\underline{Z}(t+s) = \underline{U}(\underline{Z}(t)).$$

Ähnlich geht die rechte untere Ecke $\underline{Z}(t) + \underline{a}$ des Rechtecks in den Punkt $\underline{U}(\underline{Z}(t) + \underline{a})$ über, woraus folgt, daß der Vektor $\underline{c}$ gegeben ist durch

$$\underline{c} = \underline{U}(\underline{Z}(t) + \underline{a}) - \underline{U}(\underline{Z}(t)).$$

Völlig äquivalent hierzu schreiben wir

$$\begin{aligned} c_1 &= U_1(Z_1(t) + a, Z_2(t)) - U_1(Z_1(t), Z_2(t)) \\ c_2 &= U_2(Z_1(t) + a, Z_2(t)) - U_2(Z_1(t), Z_2(t)). \end{aligned}$$

Durch Dividieren und Multiplizieren mit $a$ erhalten wir

$$\begin{aligned} c_1 &= \frac{U_1(Z_1(t) + a, Z_2(t)) - U_1(Z_1(t), Z_2(t))}{a} \cdot a \\ c_2 &= \frac{U_2(Z_1(t) + a, Z_2(t)) - U_2(Z_1(t), Z_2(t))}{a} \cdot a, \end{aligned}$$

woraus sofort zu erkennen ist, daß für $a$ klein,

$$c_1 \approx \frac{\partial U_1}{\partial Z_1} \cdot a, \quad c_2 \approx \frac{\partial U_2}{\partial Z_1} \cdot a.$$

Ähnliches gilt für $\underline{d}$, und wir erhalten schließlich

$$\begin{aligned} \underline{c} &\approx \Big(\frac{\partial U_1}{\partial Z_1}\underline{i} + \frac{\partial U_2}{\partial Z_1}\underline{j}\Big)a \\ \underline{d} &\approx \Big(\frac{\partial U_1}{\partial Z_2}\underline{i} + \frac{\partial U_2}{\partial Z_2}\underline{j}\Big)b. \end{aligned} \tag{5.5}$$

Nun ist die verschobene Fläche gegeben durch

$$A(t+s) = cd \sin\alpha = cd\sqrt{1 - \cos^2\alpha}.$$

Aus der Definition des Skalarproduktes auf S. 61 folgt aber

$$\cos\alpha = \frac{\underline{c}\cdot\underline{d}}{cd}$$

und daraus

$$A(t+s) = \sqrt{(cd)^2 - (\underline{c}\cdot\underline{d})^2}.$$

Mit (5.5) und ein wenig Algebra (Übung 6) folgt dann

$$A(t+s) \approx \Big(\frac{\partial U_1}{\partial Z_1}\frac{\partial U_2}{\partial Z_2} - \frac{\partial U_1}{\partial Z_2}\frac{\partial U_2}{\partial Z_1}\Big)A(t). \tag{5.6}$$

Wir sind fast am Ziel und brauchen nur noch einen Ausdruck für die deterministische Funktion $\underline{U}(\underline{Z})$. Den liefert uns die Taylor-Reihe zusammen mit (4.18). Bis auf Terme von der Größenordnung $s^2$ gilt nämlich

$$\begin{aligned} U_1 &= Z_1(t+s) \approx Z_1(t) + s\dot{Z}_1(t) = Z_1(t) + s\cdot f_1(\underline{Z}(t)) \\ U_2 &= Z_2(t+s) \approx Z_2(t) + s\dot{Z}_2(t) = Z_2(t) + s\cdot f_2(\underline{Z}(t)). \end{aligned}$$

Wir erhalten durch Differenzieren sofort die partiellen Ableitungen in (5.6):

$$\begin{aligned} \frac{\partial U_1}{\partial Z_1} &= 1 + s\frac{\partial f_1(\underline{Z})}{\partial Z_1}, & \frac{\partial U_1}{\partial Z_2} &= s\frac{\partial f_1(\underline{Z})}{\partial Z_2} \\ \frac{\partial U_2}{\partial Z_2} &= 1 + s\frac{\partial f_2(\underline{Z})}{\partial Z_2}, & \frac{\partial U_2}{\partial Z_1} &= s\frac{\partial f_2(\underline{Z})}{\partial Z_1}. \end{aligned}$$

Durch Einsetzen in (5.6) folgt unter Vernachlässigung von $s^2$-Termen,

$$A(t+s) \approx \Big(1 + s\Big(\frac{\partial f_1(\underline{Z})}{\partial Z_1} + \frac{\partial f_2(\underline{Z})}{\partial Z_2}\Big)\Big)A(t)$$

oder

$$\frac{A(t+s) - A(t)}{s} \approx \Big(\frac{\partial f_1(\underline{Z})}{\partial Z_1} + \frac{\partial f_2(\underline{Z})}{\partial Z_2}\Big)A(t)$$

und schließlich mit (5.4) und $s \to 0$,

$$\dot{A}(t) = \mathrm{Div}\underline{f}(\underline{Z})\cdot A(t). \tag{5.7}$$

Falls beispielsweise $\mathrm{Div}\underline{f}(\underline{Z}) = -K < 0$, $K$ eine Konstante, so verkleinert sich die Fläche $A$ exponentiell: $A(t) = A(0)e^{-Kt}$.

Man beachte, daß die Divergenz identisch ist mit der Spur der Systemmatrix eines linearen Systems, oder mit der eines linearisierten Systems in der

Nähe von einem Gleichgewicht, und daher mit der Summe der Eigenwerte der Systemmatrix bzw. der Jacobischen Matix: Aus

$$\dot{\underline{Z}} = \underline{f}(\underline{Z}) = \mathbf{A} \cdot \underline{Z}$$

folgt nämlich, siehe Gl. (4.17),

$$\mathrm{Div}\underline{f}(\underline{Z}) = \mathrm{Sp}\mathbf{A} = \lambda_1 + \lambda_2. \tag{5.8}$$

Gleichungen, die (5.4), (5.7) und (5.8) entsprechen gelten auch für $n > 2$ Dimensionen.

Ein einfaches Beispiel eines dissipativen Systems bietet der lineare Oszillator (4.6). Energie wird abgeführt (Engl. *dissipated*) durch Reibung, und jeder Bereich des Zustandsraums schrumpft in den Punktattraktor $\underline{Z} = \underline{0}$ zusammen. Mit

$$f_1 = Z_2 \text{ und } f_2 = -\frac{k}{m} Z_1 - \frac{c}{m} Z_2$$

ergibt sich die Divergenz

$$\mathrm{Div}\underline{f} = \frac{\partial f_1}{\partial Z_1} + \frac{\partial f_2}{\partial Z_2} = 0 - \frac{c}{m} = -\frac{c}{m} < 0,$$

unabhängig von $\underline{Z}$, d. h. überall im Zustandsraum.

Bei nichtlinearen Systemen ist der Sachverhalt etwas komplizierter, aber Bereiche im $n$-dimensionalen Zustandsraum können ebenfalls auf einen Attraktor niedrigerer Dimension zusammenschrumpfen. Zum Beispiel für das Räuber - Beute - Modell (5.1) gab es in Abhängigkeit von den Systemparametern zwei Möglichkeiten: einen Punktattraktor mit geometrischer Dimension Null, oder einen Grenzzyklus, d.h. eine geschlossene Kurve mit Dimension eins. Beide haben die Fläche Null. Dieses Verhalten war allerdings auch eine Konsequenz der Topologie des zweidimensionalen Raumes. Dreidimensionale Systeme wie (5.2), falls die Divergenz negativ ist, und falls die Zustandsvariablen in einem endlichen und geschlossenen Bereich des Zustandsraums verbleiben, müssen ebenfalls auf einem Attraktor mit Volumen Null enden. Ein Bereich im Zustandsraum habe ein Volumen $V$, z. B. der Würfel in Abbildung 5.14. Mögliche Endzustände mit Volumen Null wären dann: eine Fläche (Dimension 2), eine Kurve (Dimension 1), bzw. ein Punkt (Dimension 0).[3] Aber die Topologie einer einfach zu-

[3] Um etwas pedantisch zu sein, gibt es noch eine - für uns allerdings nicht relevante - Möglichkeit, nämlich einen *Torus*. Dieser zweidimensionale, nichtchaotische Attraktor entsteht durch die Überlagerung von zwei periodischen Zyklen, deren Frequenzen in nichtharmonischem Verhältnis zueinander stehen. Er stellt keine einfach zusammenhängende Fläche dar.

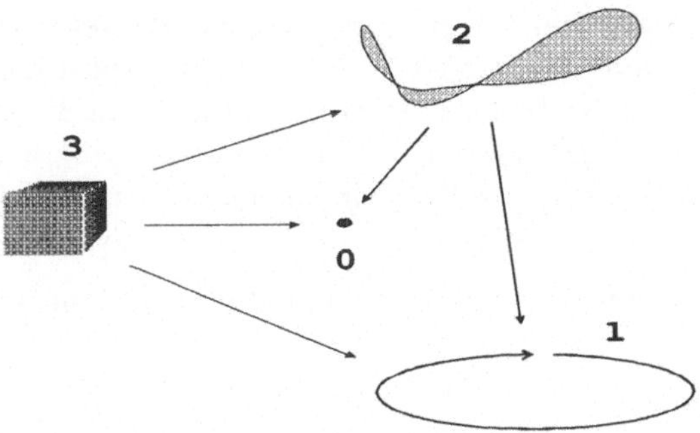


**Abbildung 5.14:** Schicksale eines Volumenelements in einem dissipativen System.

sammenhängenden Fläche zwängt die Dynamik wiederum zu Zyklen und Punktattraktoren als stabile Endzustände.

Jetzt haben wir das Eigenartige an Abbildung 5.9 ans Licht gebracht. Der Attraktor dort ist offenkundig weder Punkt noch Zyklus, und eine Fläche darf er auch nicht sein. Trotzdem ist sein Volumen wegen Dissipation Null. Die Bezeichnung 'seltsam' ist wohl nicht zu hochgegriffen!

Obwohl seltsame Attraktoren bei differenzierbaren, dynamischen Systemen mit weniger als drei Zustandsvariablen ausgeschlossen sind, ist dies bei zeitdiskreten Systemen nicht der Fall, wie wir uns als nächstes überzeugen wollen.

## 5.4 Wiedersehen mit Logistischem Wachstum

Der logistischen Gleichung in ihrer diskreten Form begegneten wir bereits im ersten Kapitel, Gleichung (1.6). Mit der Schreibweise $z_n = z(n)$ ist (1.6) äquivalent zu

$$z_n = az_{n-1}(1 - z_{n-1}) \tag{5.9}$$

oder symbolisch,

$$z_n = f(z_{n-1}). \tag{5.10}$$

Obwohl wir es mit einem eindimensionalen System zu tun haben, ist (5.9) trotzdem sehr interessant. Seine Dynamik weist nämlich, in Abhängigkeit von $a$, Punktattraktoren, Bifurkationen, periodische Attraktoren und sogar seltsame Attraktoren auf! Diese Vielfalt ist u. a. deswegen möglich, weil (5.9) ein nichtlineares *zeitdiskretes System* ist und nicht an die Zwänge der kontinuierlichen Systeme gebunden ist. Ein Simulationsprogramm wird in Kürze vorgestellt, aber zuerst wollen wir ein numerisches Verfahren zur Bestimmung des (einzigen) Liapunovexponenten dieses Systems ableiten.

Betrachten wir zwei benachbarte Ausgangspunkte des Systems (5.9) $z_0$ und $z_0'$ mit

$$\mid \delta z_0 \mid = \mid z_0' - z_0 \mid \ll 1. \tag{5.11}$$

Nach zwei Iterationen, d. h. zwei Zeitschritten, erhalten wir die beiden neuen Zustände

$$\begin{aligned} z_2 &= f(z_1) = f(f(z_0)) = g(z_0) \\ z_2' &= f(z_1') = f(f(z_0')) = g(z_0'), \end{aligned} \tag{5.12}$$

die nun um den Betrag

$$\mid \delta z_2 \mid = \mid z_2' - z_2 \mid \tag{5.13}$$

voneinander entfernt sind. Eine Taylor-Reihenentwicklung der Funktion $g(z_0')$ um den Punkt $z_0$ ergibt in erster Ordnung[4]

$$g(z_0') = g(z_0) + g_z(z_0)(z_0' - z_0) + \ldots$$

oder, mit (5.12) und (5.13),

$$\mid \delta z_2 \mid = \mid g(z_0') - g(z_0) \mid = \mid g_z(z_0) \mid\mid \delta z_0 \mid .$$

Aus der Kettenregel der Differentialrechnung erhalten wir aber

$$g_z(z_0) = f_z(f(z_0))f_z(z_0) = f_z(z_1)f_z(z_0)$$

und können also

$$\frac{\mid \delta z_2 \mid}{\mid \delta z_0 \mid} = \mid g_z(z_0) \mid = \mid f_z(z_1) \mid\mid f_z(z_0) \mid \tag{5.14}$$

schreiben.

Nehmen wir an, die Entfernung wächst bzw. schrumpft exponentiell[5] mit der diskreten Zeitvariablen $n$, d. h.

$$\mid \delta z_n \mid = \mid \delta z_0 \mid e^{\lambda n},$$

[4] Wir erinnern uns an die Schreibweise $g_z(z_0) = \left[\frac{dg(z)}{dt}\right]_{z=z_0}$.

[5] Eine Annahme, deren Gültigkeit wir hier nicht beweisen wollen.

wobei $\lambda$ ein Liapunovexponent ist. Insbesondere gilt für $n = 2$

$$\mid \delta z_2 \mid = \mid \delta z_0 \mid e^{2\lambda}. \tag{5.15}$$

Aus (5.14) und (5.15) folgt dann

$$\log \frac{\mid \delta z_2 \mid}{\mid \delta z_0 \mid} = 2\lambda \approx \log(\mid f_z(z_1) \mid) + \log(\mid f_z(z_0) \mid)$$

oder

$$\lambda \approx \frac{1}{2}[\log(\mid f_z(z_1) \mid) + \log(\mid f_z(z_0) \mid)] = \frac{1}{2}\sum_{i=0}^{1} \log(\mid f_z(z_i) \mid).$$

Für viele Iterationen wird dieses Ergbnis exakt:

$$\lambda = \lim_{n\to\infty} \frac{1}{n}\sum_{i=0}^{n-1} \log(\mid f_z(z_n) \mid). \tag{5.16}$$

Der folgende Algorithmus simuliert (5.9) für die interessantesten $a$-Werte zwischen 2,8 und 4 und berechnet aus (5.16) den entsprechenden Liapunovexponenten:

**Algorithmus 5.1**

0. $a := 2.8$
1. $\lambda := 0$ (Anfangswert des Liapunovexponenten)
2. $z := 0.3$, for $i := 1$ to 500 do $z := az(1 - z)$ (Versichern, daß $z$ auf dem Attraktor ist)
3. $i := 1$ (Zähler initialisieren)
4. $\lambda := \lambda + \log(\text{abs}(a(1 - 2z))/1000$ (Beitrag zu $\lambda$ berechnen, $f_z(z) = a(1 - 2z)$)
5. $z := az(z - 1)$ (Nächsten $z$-Wert berechnen und ausgeben)
6. $i := i + 1$ (Zähler erhöhen)
7. Falls $i < 1000$ nach 4 springen
8. $a, \lambda$ ausgeben
9. $a := a + 0.002$ (Nächster $a$-Wert)
10. Falls $a < 4$ nach 1 springen
11. Halt

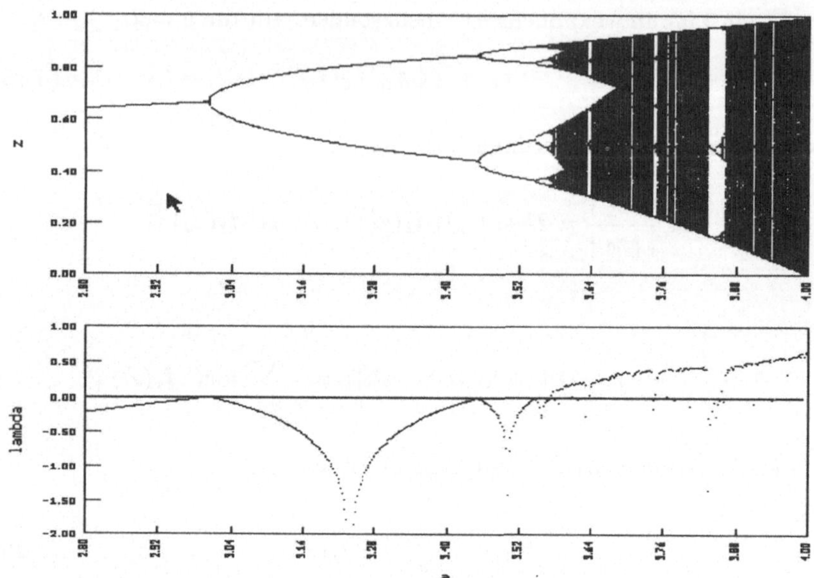

**Abbildung 5.15:** Simulation der diskreten logistischen Gleichung unter Veränderung des Systemparamters $a$. Für $a > 3$ treten periodische Endzustände mit der Periode 2,4,8... auf. Chaotische Endzustände erscheinen stets bei positiven $\lambda$-Werten.

Das interaktive Programm in Listing 5.3 ist eine Implementierung dieses Algorithmus, die die Ergebnisse auch graphisch darstellt, Abbildung 5.15. In der Abbildung sind die Bifurkationen, d. h. die Periodenverdoppelungen und Übergänge zu Chaos, gut zu erkennen. Auch gut zu erkennen ist die Tatsache, daß Chaotische Bereiche immer mit positiven Liapunovexponenten verbunden sind. Weitere Untersuchungen des Systems (5.9) gibt es in Übung 8.

---

```
program dislog;  { Simulation der diskreten logistischen Gleichung }
uses graph,crt,xyplots;
const aMin: real = 2.8;
      aMax: real = 4.0;
var    z,a,ainc,lambda,xpos,ypos: real;
       i: integer;
       inside: boolean;
       s: string;
       xPlot,lPlot: TxyPlot;
```

```
begin
   graphics;
   inside:= true;
   while inside do begin    { XY Plots erzeugen }
      xPlot.show(25,85,0,43,''); lPlot.show(25,85,52,85,'');
      if aMax-aMin<0.1 then aMax:=aMin+0.1;
      xPlot.xScale(aMin,aMax,(aMax-aMin)/10,'');
      xPlot.yScale(0,1,0.2,'z');
      xPlot.lineDesign(white,1,1);
      lPlot.xScale(aMin,aMax,(aMax-aMin)/10,'a');
      lPlot.yScale(-2,1,0.5,'lambda');
      lPlot.lineDesign(white,0,1);
      lPlot.pLine(0,0,4,0);
      a:= aMin;                        { anfangs a-Wert }
      ainc:= (aMax-aMin)/500;
      while (a < aMax) and not xPlot.mouse_pressed do begin
         z:= 0.3;                      { z auf dem Attraktor ! }
         for i:= 1 to 500 do z:= a*z*(1-z);
         i:= 1;
         lambda:= 0;
         while i < 1000 do begin      { lambda berechnen }
            lambda:= lambda + ln(abs(a*(1-2*z)))/1000;
            z:= a*z*(1-z);
            xPlot.pPoint(a,z,white);    { z ausgeben }
            i:= i + 1
         end;
         lPlot.pPoint(a,lambda,white); { lambda ausgeben }
         a:= a + ainc;                 { naechster a_Wert }
      end;
      xPlot.mouse_prompt(xpos,ypos,inside);
      if inside then with xPlot do begin
         aMin:=xpos;                { neuer a-Bereich von Maus }
         pLine(xpos,0,xpos,1);
         str(xpos:8:5,s);
         pLabel(xpos,0.9,s,white,horizdir);
         mouse_prompt(xpos,ypos,inside);
         if inside then begin
            aMax:= xpos;
            pLine(xpos,0,xpos,1);
            str(xpos:8:5,s);
            pLabel(xpos,0.8,s,white,horizdir);
         end;
         if aMin>aMax then begin aMin:=2.8; aMax:= 4 end;
         xPlot.mouse_prompt(xpos,ypos,inside);
      end;
      xPlot.delete;
      lPlot.delete;
   end; {** while inside **}
   closegraph;
end.
```

**Listing 5.3** Ein Simulationsprogramm für die logistische Gleichung (5.9). Die Handhabung der Maus ist der des Frequenzplots in der **dsolve** - Umbgebung ähnlich. Ein Mausklick außerhalb des z-Plots beendet das Programm.

## 5.5 Fraktale Dimension

Wir sind in diesem Buch mit dem Begriff *Dimension* bisher sehr salopp umgegangen. Dies soll sich jetzt ändern. Fangen wir zunächst mit dem sehr intuitiven Konzept der *euklidischen Dimension* an. Die Dimension eines euklidischen Raums ist die Zahl der Koordinaten, die nötig ist, um einen Punkt eindeutig zu spezifizieren. Eine Figur wird als eindimensional betrachtet, wenn in einer Gerade eingebettet, zweidimensional, wenn in einer Ebene eingebettet, dreidimensional, wenn im physikalischen Raum eingebettet, usw.

Die Differentialtopologie befaßt sich hingegen mit $n$-dimensionalen *Mannigfaltigkeiten*, d. h. mit Punktmengen, die lokal dem $n$-dimensionalen euklidischen Raum ähneln. Die Definition der *topologische Dimension* erlaubt ebenfalls nur ganzzahlige Werte. Man verwendet hier den Begriff von der Teilung eines Kontinuums. Ein Punkt ist kein Kontinuum und kann nicht geteilt werden. Ihm wird die topologische Dimension Null zugeordnet. Eine Kurve kann mit einem Punkt geteilt werden und hat die topologische Dimension eins.[6] Eine Fläche kann wiederum durch eine Kurve geteilt werden, hat also die topologische Dimension zwei. Der Raum wird durch eine Fläche geteilt und hat die topologische Dimension drei usw.

Nun zur fraktalen Dimension: Wir betrachten ein 'Objekt', das wir ganz allgemein als eine Punktmenge $M$ bezeichnen wollen, im zweidimensionalen, sagen wir, eukidischen Raum. Wir fragen uns, wieviele quadratische Flächen mit Kantenlänge $l$ wir brauchen, um $M$ zu bedecken, und zwar bei immer kleiner werdendem $l$. Diese Anzahl von Quadraten, die offensichtlich eine Funktion von $l$ ist, nennen wir $N(l)$. Besteht zum Beispiel $M$ aus einem einzigen Punkt, ist $N(l) = 1$ unabhängig von $l$, da beliebig kleine Quadrate einen Punkt immer bedecken können. Wir schreiben zunächst ein wenig umständlich, aber korrekt

$$N(l) = l^{-0} \quad (= 1).$$

Der Punkt hat fraktale Dimension Null. Nun betrachten wir die Menge $M$ aller Punkte auf einer Geraden mit Länge 1. Sie wird mit einem Einheitsquadrat ($l = 1$) gerade bedeckt. Ist die Kantenlänge des Quadrats aber $1/2$, brauchen wir zwei davon, für $l = 1/3$ drei usw. Es folgt also $N(1) = 1$, $N(1/2) = 2$, $N(1/3) = 3$ oder

$$N(l) = l^{-1}.$$

[6] Beispielsweise hat ein Kreis die topologische Dimension eins aber seine euklidische Dimension ist zwei.

Die fraktale Dimension ist eins. Mit $M$ = Einheitsquadrat erhalten wir mit demselben Argument

$$N(l) = l^{-2}$$

und die fraktale Dimension zwei. Wir hätten auch die Punktmengen $M$ in den dreidimensionalen Raum einbetten und mit Würfeln anstatt mit Quadraten hantieren können. Das Ergebnis wäre das gleiche gewesen. Die Definition der fraktalen Dimension folgt dann sofort und lautet:

> *Es sei $M$ eine im d-dimensionalen Raum eingebettete Punktmenge. Falls die Zahl $N(l)$ der d-dimensionalen Würfel mit Kantenlänge $l$, die benötigt wird, um $M$ zu bedecken, gemäß $l^{-D_F}$ zunimmt, wenn $l$ gegen Null strebt, ist $D_F$ die fraktale Dimension von $M$.*

Es gilt also $N(l) = Cl^{-D_F}$ für $l$ klein, woraus folgt

$$D_F = \lim_{l\to 0}\left(\frac{\log C}{\log l} - \frac{\log N(l)}{\log l}\right) = -\lim_{l\to 0}\frac{\log N(l)}{\log l}. \qquad (5.17)$$

## 5.5.1 Eine Cantor-Menge

Für die uns allen geläufigen, geometrischen Formen wie Kurven, Flächen, Kugeln usw. sind die Definitionen der topologischen, bzw. fraktalen Dimensionen völlig äquivalent. Die *Cantorsche Menge* (G. Cantor, Gründer der Mengenlehre, 1845-1918) in Abbildung 5.16 ist aber den wenigsten 'geläufig'. Ihre topologische und fraktale Dimension ist verschieden.

Wenn die Prozedur des Wegnehmens *ad infinitum* fortgesetzt wird, ensteht ein 'Staub' von unendlich vielen, nicht miteinander verbundenen Punkten. Die topologische Dimension ist Null, da die Menge kein Kontinuum ist.

Die fraktale Dimension berechnen wir aber wie folgt: Die Länge des Ausgangssegments sei eins. Dann gilt für Quadrate[7] mit Kantenlänge 1, 1/3, 1/9 ... $1/3^n$ :

$$N(1) = 1, \quad N(1/3) = 2, \quad N(1/9) = 4, \quad \cdots \quad N(3^{-n}) = 2^n.$$

[7]Die Cantor-Menge ist im eindimensionalen Raum eingebettet. Wir könnten genau so gut 'eindimensionale Quadrate', d. h. Liniensegmente, zum Bedecken verwenden.

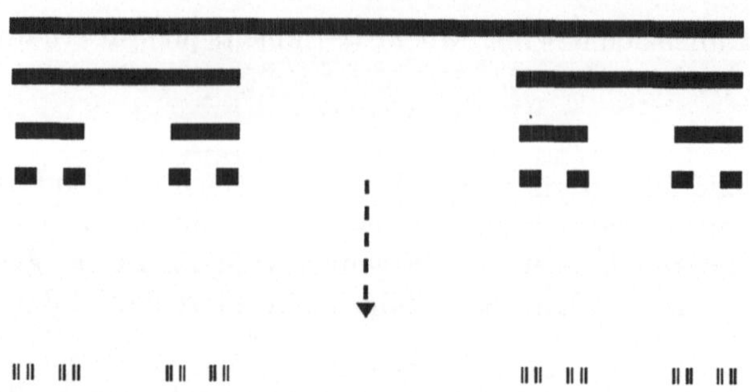

**Abbildung 5.16:** Eine Cantor-Menge mit fraktaler Dimension 0,631. Sie entsteht, wenn man das mittlere Drittel eines Geradensegments wegnimmt, um dann das gleiche mit den beiden daraus entstandenen Restsegmenten zu tun, um dann das gleiche mit den vier daraus entstandenen Restsegmenten zu tun, um dann das gleiche ...

Wir erhalten mit 5.17

$$D_F = -\frac{\log 2^n}{\log 3^{-n}} = \frac{\log 2}{\log 3} = 0,6309\ldots ,$$

ein 'sich in die erste Dimension ausdehnender Punkt'.

Fraktale, also Punktmengen mit nicht ganzzahligerer fraktaler Dimension, sind hoch in Mode und deren Studium ist eine Wissenschaft[8] für sich, siehe z.B. [17, 18] oder den - nicht leicht zu verdauenden - Klassiker von Mandelbrot [19]. Unser bescheidenes Ziel wird es lediglich sein, eine Verbindung zwischen der fraktalen Dimension eines seltsamen Attraktors und den ihn charakterisierenden Liapunovexponenten herzustellen.

### 5.5.2 Die Bäcker-Abbildung

Das diskrete dynamische System

$$\begin{aligned} x_{n+1} &= 2x_n (\text{mod } 1) \\ y_{n+1} &= \begin{cases} ay_n & \text{falls } 0 \leq x_n < 1/2 \\ 1/2 + ay_n & \text{falls } 1/2 \leq x_n \leq 1 \end{cases} \end{aligned} \quad (5.18)$$

[8] bzw. Kunst

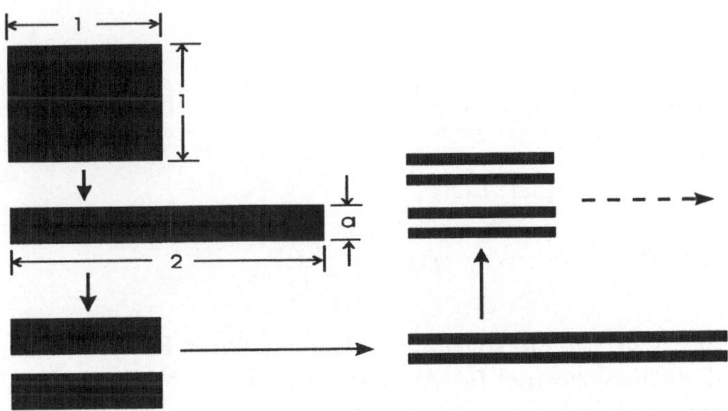


**Abbildung 5.17:** Zwei Iterationen in der mathematischen Bearbeitung eines Brotteigs gemäß 5.18 mit $a < 1/2$.

mit Systemparameter $a < 1$ erinnert an die Bearbeitung eines Stück Brotteigs. (Das 'Modulonehmen' wird durch

$$x \bmod 1 = \begin{cases} x & \text{falls } 0 \leq x \leq 1 \\ x-1 & \text{falls } 1 < x \leq 2 \end{cases}$$

definiert.) Der Teig wird ausgedehnt in die $x$-Richtung ($x \to 2x$), zusammengedrückt in die $y$-Richtung ($y \to ay$), in der Mitte genommen ($2x$ mod 1) und gefaltet ($y \to 1/2 + ay$ falls $x > 1/2$), siehe Abbildung 5.17.

Der Attraktor besteht letztendlich aus einer unendlichen Menge von waagerechten Geradensegmenten mit Länge eins. Die Liapunovexponenten sind leicht zu bestimmen: In der $x$ bzw. $y$-Richtungen extwickelt sich ein kleiner Abstand zwischen zwei benachbarten Punkten $\Delta x_0$ bzw. $\Delta y_0$, gemäß

$$\Delta x_1 = 2\Delta x_0, \quad \Delta x_2 = 2^2 \Delta x_0, \quad \ldots \quad \Delta x_n = 2^n \Delta x_0 \equiv e^{\lambda_1 n} \Delta x_0$$

bzw.

$$\Delta y_1 = a\Delta y_0, \quad \Delta y_2 = a^2 \Delta y_0, \quad \ldots \quad \Delta y_n = a^n \Delta y_0 \equiv e^{\lambda_2 n} \Delta y_0,$$

woraus folgt:

$$\lambda_1 = \log 2, \quad \lambda_2 = \log a. \tag{5.19}$$

Nach der $n$ten Iteration entstehen $2^n$ waagerechte Streifen mit Höhe $a^n$. Die Zahl der Quadrate mit Kantenlänge $l = a^n$, die zum Abdecken benötigt wird, ist deshalb $N(a^n) = 2^n/a^n$. Wir erhalten die faktale Dimension mit

(5.17):

$$D_F = -\lim_{l\to 0} \frac{\log N(l)}{\log l} = -\lim_{n\to\infty} \frac{\log 2^n - \log a^n}{\log a^n} = -\Big(\frac{\log 2}{\log a} - 1\Big) = 1 + \frac{\log 2}{|\log a|},$$

weil $a < 1$, oder mit (5.19),

$$D_F = 1 + \frac{\lambda_1}{|\lambda_2|}. \tag{5.20}$$

Gleichung (5.20) ist die sogenannte Kaplan-Yorke-Relation. Es wird vermutet, daß diese Formel für Attraktoren, die im $N$-dimensionalen Raum eingebettet sind, sich wie folgt verallgemeinern läßt:

$$D_F = j + \frac{\lambda_1 + \lambda_2 + \ldots + \lambda_j}{|\lambda_{j+1}|}, \tag{5.21}$$

wobei $\lambda_1 \geq \lambda_2 \geq \ldots \lambda_N$. Die Zahl $j$ wird wird durch die Bedingungen

$$\begin{aligned} & j < N, \\ & 0 < \lambda_1 + \lambda_2 + \ldots + \lambda_j \quad \text{und} \\ & 0 \geq \lambda_1 + \lambda_2 + \ldots + \lambda_j + \lambda_{j+1} \end{aligned}$$

bestimmt. Das Ergebnis (5.20) ist offensichtlich ein Spezialfall von (5.21) für $N = 2$. Gleichung (5.21) liefert auch die Rechtfertigung für die kühne Behauptung auf Seite 90 bezüglich der Dimension des Attraktors in Abbildung 5.9. Wir erhalten aus Tabelle 5.1 mit $\nu = 0,004$, $j = 2$ und

$$D_F = 2 + \frac{0,01 + 0,00}{|-0,92|} \approx 2,01.$$

Obwohl einfache fraktale Mengen, wie in den Abbildungen 5.16 und 5.17 dargestellt, durch die fraktale Dimensionen $D_F$ völlig charakterisiert sind, ist dies leider nicht der Fall für dynamische Attraktoren im allgemeinen. Sie sind in der Tat außerordentlich komplexe Objekte und brauchen, wie z. B. eine unregelmäßige Masse unendlich viele Momente braucht, unendlich viele Dimensionen für ihre Charakterisierung. Was wir z. B. hier als 'fraktale Dimensionsion' bezeichnet haben, heißt eigentlich *Kapazitätsdimension*, nur eine von mehreren. Es soll uns aber ein Trost sein, daß diese Dimensionen in der Regel alle recht dicht beieinander liegen, und außerdem, daß nur einige davon experimentell, bzw. numerisch zugänglich sind.

## 5.6 Übungen zum fünften Kapitel

1. Untersuchen Sie mit dem Verfahren der Linearisierung die Stabilität des Gleichgewichts $Z_1 = 0$, $Z_2 = L$ des Räuber-Beute-Modells (5.1).

2. Wir betrachten das System (5.1) mit $s = \nu = \beta = L = 1$:

$$\dot{Z}_1 = rZ_1(1 - \frac{Z_1}{Z_2}) =: f_1(Z_1, Z_2)$$
$$\dot{Z}_2 = Z_2(1 - Z_2) - \frac{Z_1 Z_2}{\alpha + Z_2} =: f_2(Z_1, Z_2),$$

mit einem Gleichgewicht am Schnittpunkt der Isoklinen

$$Z_1 = Z_2$$
$$Z_1 = (\alpha + Z_2)(1 - Z_2)$$

liegend.

(a) Zeigen Sie, daß die Jacobische Matrix des linearisierten Gleichungssystems als

$$\begin{pmatrix} -r & r \\ \frac{-4\alpha}{(\sqrt{\alpha^2+4\alpha}+\alpha)^2} & \frac{4\alpha(1-\sqrt{\alpha^2+4\alpha})}{(\sqrt{\alpha^2+4\alpha}+\alpha)^2} \end{pmatrix}$$

geschrieben werden kann.

(b) Leiten Sie aus (a) die folgende Bedingung für die Entstehung eines Grenzzyklus, d. h. für den Eintritt von Instabilität des Gleichgewichts, ab:

$$\alpha = \frac{-(4 + 5r) + (2 + r)\sqrt{5 + 4r}}{2(1 + r)}.$$

Ist dieses Ergebnis mit Abbildung 5.1 konsistent?

(c) Welcher Bedingung muß $r$ genügen, damit ein Grenzzyklus überhaupt entstehen kann?

3. Der ungedämpfte Oszillator, Gl. (4.6) mit $c = 0$, ist nicht dissipativ, sondern *konservativ*: Die Größe einer beliebigen Fläche im Zustandsraum ändert sich zeitlich nicht. Ist dies ein Wiederspruch zum Satz von Poincaré und Bendixon? Warum?

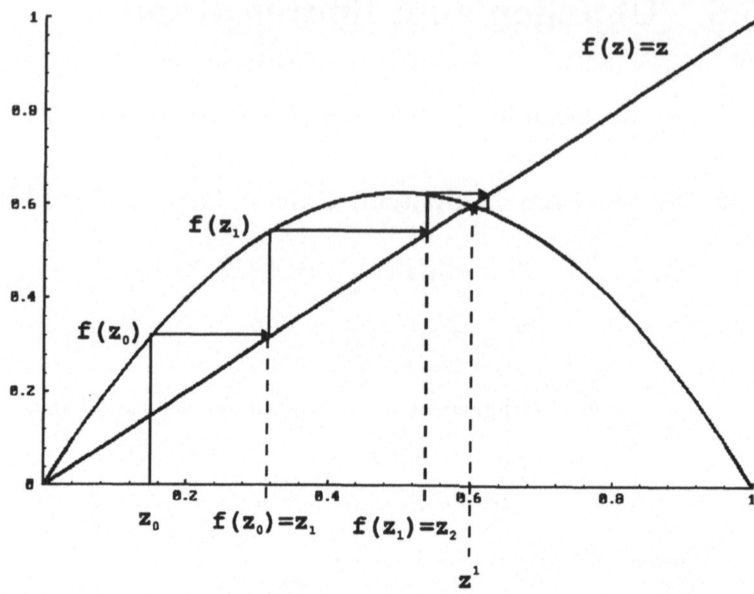


**Abbildung 5.18:** Die logistische Funktion $f(z) = az(1-z)$ mit $a = 2.5$. Ausgehend von einem beliebigen Anfangswert $z_0$ konvergiert (5.9) zum Fixpunkt $z^1 = 0.6$.

4. Geben Sie die Divergenz des Vektorfeldes (5.2) an, und überzeugen Sie sich, daß sie im größten Teil des relevanten Zustandsraums kleiner Null ist (Abbildung 5.12).

5. Noch größere $\nu$-Werte als $\nu = 0,004$ führen zu bizarren Attraktoren des Systems (5.2). Untersuchen Sie einige in der **dsolve** Umgebung.

6. Zeigen Sie, daß Gl. (5.6) aus der ihr vorangegangenen Diskussion folgt.

7. Ein seltsamer Attraktor mit System (5.2) ähnlicher Struktur wurde 1976 von O. E. Rössler gefunden [20]:

$$\begin{aligned} \dot{Z}_1 &= -Z_2 - Z_3 \\ \dot{Z}_2 &= Z_1 + aZ_2 \\ \dot{Z}_3 &= b + Z_3(Z_1 - c). \end{aligned} \tag{5.22}$$

Verblüffend ist, daß nur die Nichtlinearität $Z_3 Z_1$ in der dritten Gleichung genügt, deterministisches Chaos hervorzubringen.

(a) Unter Vernachlässigung von $Z_3$ zeigen Sie, daß (5.22) in die Form des linearen gedämpften Oszillators (4.5), bzw. (4.6) - allerdings mit *negativer* Dämpfung - gebracht werden kann. Der Punkt $(0,0,0)$ ist demnach ein instabiles Gleichgewicht, und die Dynamik entspricht einer sich nach außen bewegenden Spirale in der $(Z_1, Z_2)$-Ebene.

(b) Die dritte Gleichung in (5.22) dient als Rückkopplung dazu, Bahnen mit $Z_1 > c$ in die positive $Z_3$-Richtung zu erheben. Die erste Gleichung sorgt dann dafür, daß $Z_1$ wieder klein wird: Die Bahn wird quasi in die $Z_1, Z_2$-Ebene 'zurückgeworfen'. Untersuchen Sie dieses Verhalten in der **dsolve**-Umgebung, und zwar für Parameterwerte $b = 2$, $c = 4$ und $a = 0,3$ (Grenzzyklus), $a = 0,35$ (Doppelschleife), $a = 0,375$ (vierfache Schleife), $a = 0,3909$ (sechsfache Schleife) bzw. $a = 0,398$ (chaotischer Attraktor).

8. In Abbildung 5.15 treten in Abhängigkeit von $a$ unendlich viele Periodenverdoppelungen auf, bevor sich bei $a = a_\infty = 3.5699456...$ chaotisches Verhalten einstellt.

(a) Das 'Spinnweb'-Diagramm, Abbildung 5.18, deutet auf ein stabiles Gleichgewicht bei $z^1$, gegeben durch $f(z^1) = z^1$. Die erste Periodenverdoppelung findet statt, wenn dieses Gleichgewicht instabil wird. Analog zur Instabilitätsbedingung für differenzierbare Systeme (positive Realteile der Eigenwerte), kann man zeigen, daß Instabilität von $z^1$ eintritt, wenn der Betrag der Steigung von $f(z)$ am Fixpunkt, also $|f_z(z^1)|$, größer 1 wird. Zeigen Sie, daß die erste Bifurkation genau bei $a_1 = 3$ liegt.

(b) Mit Hilfe des Programms 5.3 bestimmen Sie numerisch die $a_n$-Werte möglichst vieler Bifurkationen. (Nach dem vierten wird's schwierig).

(c) Die sogenannte Feigenbaumkonstante $\delta$ wird durch

$$a_n = a_\infty - C\delta^{-n}, \quad n \gg 1,$$

$C$ konstant, definiert. Bestimmen Sie $\delta$ aus den ersten vier oder fünf $a_n$-Werten graphisch, und vergleichen Sie ihr Ergebnis mit dem 'echten' Wert 4.6692016091 ... (*Hinweis:* $\log(a_\infty - a_n)$ wird für $n \gg 1$ eine lineare Funktion von $n$.) Überlegen Sie sich, wie

Sie Programm 5.3 ändern könnten, um eine bessere Schätzung von $\delta$ zu erzielen.

(d) Untersuchen Sie die 'Inseln der Stabilität', die im chaotischen Bereich $a > a_\infty$ auftreten.

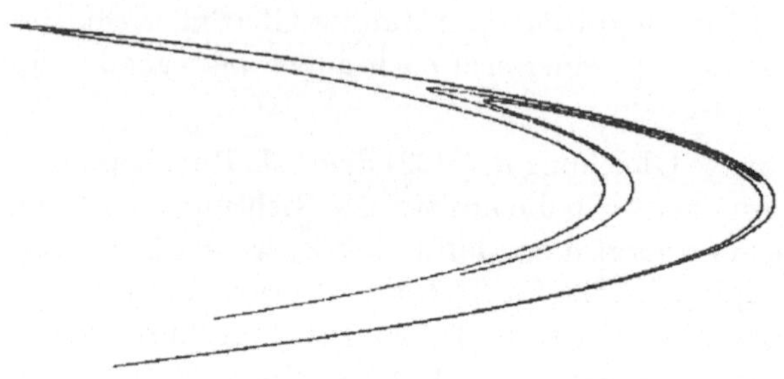

**Abbildung 5.19:** Der Hénon-Attraktor.

9. Der Rössler-Attraktor (5.22) ist eine rein mathematische Konstruktion und entspricht keinem physikalischen System. Ein ähnliches Kunstwerk ist die sogenannte Hénon-Abbildung, eine zweidimensionale Entsprechung der diskreten logistischen Gleichung (5.9), die lautet:

$$\begin{aligned} x_{n+1} &= 1 + y_n - a x_n^2 \\ y_{n+1} &= b x_n . \end{aligned} \tag{5.23}$$

(a) Die Dynamik endet bei Parameterwerten $a = 1,4$ und $b = 0,3$ auf einem seltsamen Attraktor, Abbildung 5.19. Nehmen Sie Listing 5.3 als Vorbild, um ein Simulationsprogramm zu schreiben, das den Attraktor sichtbar macht. (Die Bestimmung der Liapunovexponenten soll hierbei weggelassen werden.)

(b) Der Attraktor wird durch die zwei (warum?) Liapunovexponenten $\lambda_1 = 0,42$ und $\lambda_2 = -1,63$ charakterisiert. Was ist seine fraktale Dimension?

(c) Der Hénon-Attraktor ist *selbstähnlich*, d. h., beliebig kleine Ausschnitte halten Abbildungen des Gesamtattraktors in sich verschachtelt. Vergrößern Sie Teile Ihrer Graphik, um dies zu bestätigen.

# Kapitel 6

# Andere Systeme

*Dir gefällt das Wetter hier nicht?*
*Warte einen Augenblick!*
- Genfer Sprichwort

Wir sind am Ende unserer kleinen Forschungsreise durch die Populationsdynamik angelangt. Die Untersuchung des logistischen Wachstums, des Räuber-Beute-Modells und ähnlicher Systeme hat uns im Sinne einer Elementareinführung in die nichtlineare Dynamik ziemlich weit gebracht. Das vorliegende und letzte Kapitel stellt neue, ebenfalls einfache Systeme vor, die das Verständnis dynamischer Systeme von Stabilität bis hin zum Chaos erweitern und vertiefen werden.

Wenden wir also unsere Aufmerksamkeit einigen anderen Beispielen zu, die ebenfalls mit wenigen gewöhnlichen Differentialgleichungen modellierbar sind. Am besten fangen wir mit dem wohl berühmtesten an.

## 6.1 Lorenz, die Schmetterlinge und das liebe Wetter

Wir betrachten das folgende dreidimensionale dynamische Modell:

$$\begin{aligned}\dot{Z}_1 &= -\sigma(Z_1 - Z_2)\\ \dot{Z}_2 &= rZ_1 - Z_2 - Z_1Z_3\\ \dot{Z}_3 &= -bZ_3 + Z_1Z_2.\end{aligned} \tag{6.1}$$

Das zugrundeliegende hydrodynamische System , den sogenannte Bénard - Effekt, zeigt Abbildung 6.1.

**Abbildung 6.1:** Eine 'Klimafabrik'. Durch das Temperaturgefälle zwischen erwärmter Erdoberfläche und oberer Atmosphäre entstehen rotierende Konvektionszellen (Bénard-Zellen).

Im Modell (6.1) wird eigentlich kein meteorlogisches System unterstellt, wie in der Abbildung angedeutet, sondern eine idealisierte zweidimensionale Flüssigkeit zugrundegelegt, die einem konstanten Temperaturgradienten ausgesetzt ist. Das Modell beschreibt auch nur annäherungsweise die Kopplung von Konvektion und Wärmeleitung.

Die Systemparameter $\sigma$ und $r$ sind hydrodynamische Größen, wobei $r$, bezogen auf Abbildung 6.1, in etwa dem Temperaturunterschied zwischen oberer Atmosphäre und Erdoberfläche entspricht. Der Parameter $b$ hängt von der Geometrie des Systems, genauer von den Maßen eines das System abgrenzenden Kästchens ab. Die Gleichungen (6.1) stellen nur eine sehr grobe Vereinfachung eines vollständigeren dynamischen Modells dar. Es handelt sich um die ersten drei Terme eines Fourier-Reihenansatzes zur Lösung der partiellen Differentialgleichungen, die das Rayleigh-Bénard-System vollständig modellieren. Es gibt deswegen keine einfache Interpretation der drei Zustandsvariablen $Z_1$, $Z_2$, und $Z_3$. Variable $Z_1$ beschreibt in etwa ein Geschwindigkeitsprofil, worin sich nur eine einzige konvektive Zelle bildet, entweder im Uhrzeigersinn ($Z_1 > 0$) rotierend, oder linkslaufend ($Z_1 < 0$). Die Variablen $Z_2$ und $Z_3$ beschreiben die waagerechte, bzw. senkrechte Temperaturverteilung. Falls $Z_1$ und $Z_2$ das gleiche Vorzeichen haben, steigt die erwärmte Flüssigkeit in der rotierenden Zelle und die gekühlte fällt. Der Zustand $\underline{Z} = \underline{0}$ bedeutet, daß gar keine konvektive Bewegung der Flüssigkeit stattfindet, sondern nur eine stetige Ableitung der Wärme von unten nach oben, wie in einem Festkörper.

Interessant an diesem Modell, das 1963 von E. N. Lorenz[1] zuerst untersucht wurde, ist die Tatsache, daß es nichtlinear und dissipativ ist, und zwar dissipativ über den gesamten Zustandsraum. Die Divergenz des Vektorfeldes lautet nämlich

$$\mathrm{Div}\underline{f}(\underline{Z}) = \frac{\partial f_1}{\partial Z_1} + \frac{\partial f_2}{\partial Z_2} + \frac{\partial f_3}{\partial Z_3} = -\sigma - 1 - b \; < \; 0.$$

Falls die Dynamik sich in einem endlichen Bereich des Zustandsraums abspielt, also falls das System nicht 'wegläuft', muß jedes beliebige Volumen stetig gegen Null schrumpfen. Einer naiven Vorstellung der Geometrie des Zustandsraums entsprechend, kann das Lorenz-Modell also nur Punktattraktoren bzw. Grenzzyklen besitzen. Doch spätestens seit dem fünften Kapitel sind wir hoffentlich nicht mehr so naiv!

---

[1] Veröffentlicht in einem inzwischen berühmt gewordenen Aufsatz mit dem Titel *Deterministic Nonperiodic Flow* im *Journal of the Atmospheric Sciences*. Da Physiker und Mathematiker einerseits dieses Journal nicht lasen, und Meteorologen anderseits nichts mit dem Aufsatz anfangen konnten, blieb seine Entdeckung jahrelang unbeachtet. Heute wissen wir, daß Poincaré noch viel früher das deterministische Chaos als solches erkannt hat. Dies wußte Lorenz wiederum nicht!

### 6.1.1 Der Lorenz-Attraktor

Tasten wir uns also vorsichtig vor, und zwar mit unserem inzwischen nicht unbeträchtlichen analytischen Werkzeug. Welche Gleichgewichtspunkte existieren? Mit $\dot{\underline{Z}} = \underline{0}$ erhalten wir aus (6.1) deren drei:

$$Z_1 = Z_2 = Z_3 = 0, \tag{6.2}$$

$$Z_1 = Z_2 = \sqrt{b(r-1)},\ Z_3 = r-1, \tag{6.3}$$

$$Z_1 = Z_2 = -\sqrt{b(r-1)},\ Z_3 = r-1. \tag{6.4}$$

Gleichgewicht (6.2) entspricht, wie oben gesagt, keiner konvektiven Bewegung, sondern festkörperähnlicher Ableitung der Wärme. Gleichgewichte (6.3) und (6.4) entsprechen hingegen einem regelmäßigen 'Rollen' der Konvektionszelle, wobei erwärmte Flüssigkeit steigt.

Nun zur Stabilität dieser drei Fixpunkte. Wir wenden wieder das Verfahren der Linearisierung an. Die Jacobi-Matrix lautet

$$\mathbf{J}(\underline{Z}) = \begin{pmatrix} -\sigma & \sigma & 0 \\ r - Z_3 & -1 & -Z_1 \\ Z_2 & Z_1 & -b \end{pmatrix}. \tag{6.5}$$

Für Gleichgewicht (6.2) gilt dann

$$\mathbf{J}(\underline{Z}^{(1)} = \underline{0}) = \begin{pmatrix} -\sigma & \sigma & 0 \\ r & -1 & 0 \\ 0 & 0 & -b \end{pmatrix}.$$

Um die Analyse etwas zu vereinfachen, halten wir in der folgenden Diskussion die Systemparameter $\sigma$ und $b$ fest, und zwar auf den von Lorenz gewählten Werten

$$\sigma = 10, \quad b = 8/3.$$

Die Eigenwerte erhält man als Wurzeln der (nunmehr kubischen) charakteristischen Gleichung

$$\mathrm{Det}(\mathbf{J} - \lambda\mathbf{I}) = 0, \quad \mathbf{I} = \begin{pmatrix} 1 & 0 & 0 \\ 0 & 1 & 0 \\ 0 & 0 & 1 \end{pmatrix}.$$

Es sind (Übung 1(a))

$$\lambda_1 = -8/3,\ \lambda_2 = -\frac{1}{2}(\sqrt{40r+81} + 11),\ \lambda_3 = \frac{1}{2}(\sqrt{40r+81} - 11).$$

```
program lorenz;
{ Das Lorenzmodell }
uses graph,dsolve;
{}
const sigma = 10;   { Systemparameter }
      b     = 8/3;
      r     = 28;
{}
type TlorenzModel = object(Tsimulation)
       procedure equations(t: real; Z: array4;
                           var dZdt: array4); virtual;
       procedure jacobian(Z:array4;
                           var DZ:array4x4); virtual;
     end;
{}
procedure TlorenzModel.equations;
begin
   dZdt[1]:= -sigma*Z[1] + sigma*Z[2];
   dZdt[2]:= -Z[1]*Z[3] + r*Z[1] - Z[2];
   dZdt[3]:= Z[1]*Z[2] - b*Z[3];
end;
{}
procedure TlorenzModel.jacobian;
begin
   DZ[1,1]:= -sigma;  DZ[1,2]:=  sigma; DZ[1,3]:=  0;
   DZ[2,1]:=  r-Z[3]; DZ[2,2]:= -1;     DZ[2,3]:= -Z[1];
   DZ[3,1]:=  Z[2];   DZ[3,2]:=  Z[1];  DZ[3,3]:= -b
end;
{}
var lorenzModel: TlorenzModel;
{}
begin
   with lorenzModel do begin
      initialize(-30,30,-40,40,50,3,2,'LORENZ');
      go;
      liapunov(1)
   end
end.
```

**Listing 6.1** Ein Simulationsprogramm für das Lorenzsystem (6.1).

Die Eigenwerte $\lambda_1$ und $\lambda_2$ sind für alle $r$-Werte stets negativ, $\lambda_3$ aber wird positiv, falls $r > 1$. Eine Bifurkation findet also bei $r = 1$ statt: der Beginn konvektiver Bewegung. Das Einsetzen der Instabilität des Gleichgewichts (6.2) wird mit der Entstehung zweier neuer Gleichgewichte (6.3) und (6.4) begleitet, da nun $r > 1$ ist. Mit zunehmendem $r$ 'wachsen' diese neu entstandenen Fixpunkte aus dem alten heraus . Dieses Phämomen ist stets mit dem Positivwerden eines reellen lokalen Eigenwerts verbunden und wird in der Zoologie der Bifurkationstheorie als *Heugabel-Bifurkation* bezeichnet.

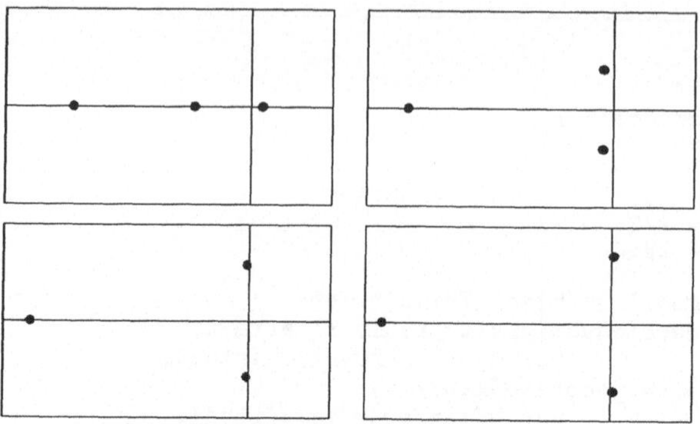

**Abbildung 6.2:** Eigenwerte des Lorenzsystems in der Nähe vom Gleichgewicht (6.3). Von links nach rechts, oben nach unten: $r = 0,5$, $r = 10$, $r = 20$, $r = 30$.

Am Gleichgewichtspunkt (6.3) nimmt die Jacobi-Matrix den Wert

$$\mathbf{J}(\underline{Z}^{(2)}) = \begin{pmatrix} -\sigma & \sigma & 0 \\ 1 & -1 & -\sqrt{8(r-1)/3} \\ \sqrt{b(r-1)} & \sqrt{b(r-1)} & -b \end{pmatrix}$$

an. Abbildung 6.2 zeigt eine numerische Berechnung der Eigenwerte dieser Matrix in der komplexen Ebene für vier verschiedene $r$-Werte. Gleichgewicht (6.3) ist zunächst stabil für $r \geq 1$, wird aber instabil, etwa oberhalb von $r_c \approx 25$, einer algebraischen Analyse zufolge (Übung 1(c)) genau bei

$$r_c = \sigma \cdot \frac{\sigma + b + 3}{\sigma - b - 1} = 24,7368.$$

Dem Positivwerden des Realteils eines komplexen Eigenwertpaares sind wir im fünften Kapitel schon zweimal begegnet (Systeme (5.1) und (5.2)). Diese Art von Strukturveränderung wird als *Hopf-Bifurkation* bezeichnet. Aus einem stabilen Fixpunkt entsteht dabei stets ein Grenzzyklus. Gleiches gilt für das symmetrische Gleichgewicht (6.4), und wir erhalten das in Abbildung 6.3 dargestellte Gesamtbild.

Zwei Untersuchungen des Zustandsraums mit dem **dsolve** - Programmlisting 6.1, und zwar für Parameterwerte $r = 0,5$ und $r = 10$, sind in Abbildung 6.4 wiedergegeben. Die Punktattraktoren sind deutlich zu erkennen.

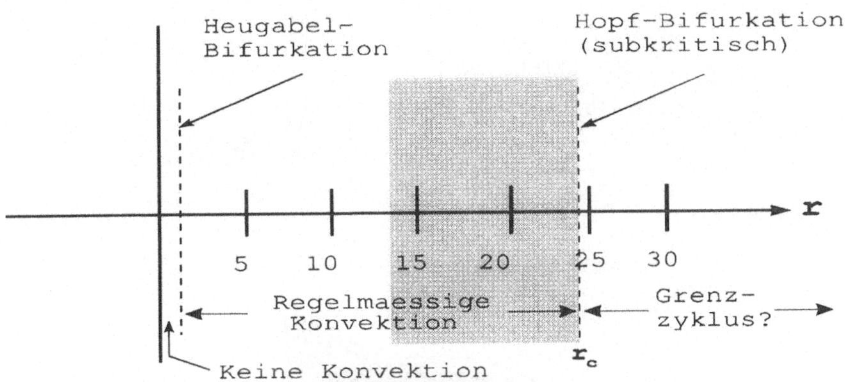


**Abbildung 6.3:** Strukturveränderungen im Lorenz-Modell als Funktion des Parameters $r$, siehe Text. (Im schraffierten Bereich herrscht eine Art Vorstadium des Chaos, bedingt durch die Entstehung einer sogenannten homoklinischen Bahn, siehe [3], pp. 291-294.)

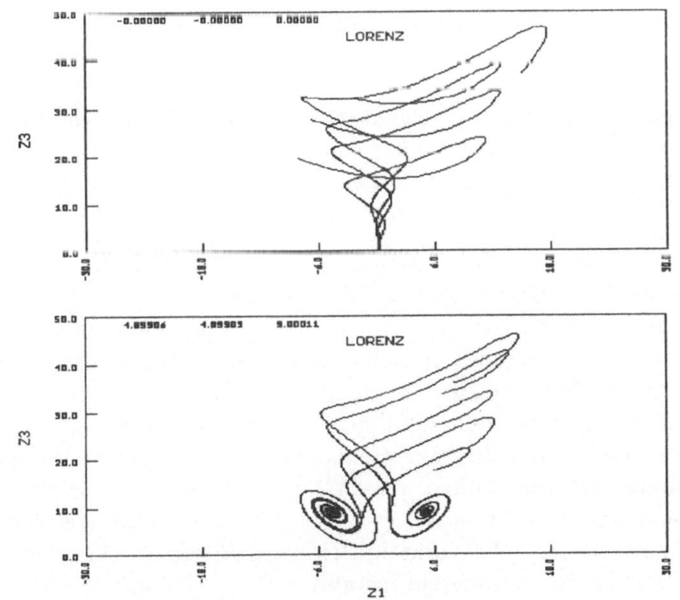


**Abbildung 6.4:** Stabile Fixpunkte im Lorenz-Modell, oben $r = 0,5$, unten $r = 10$.

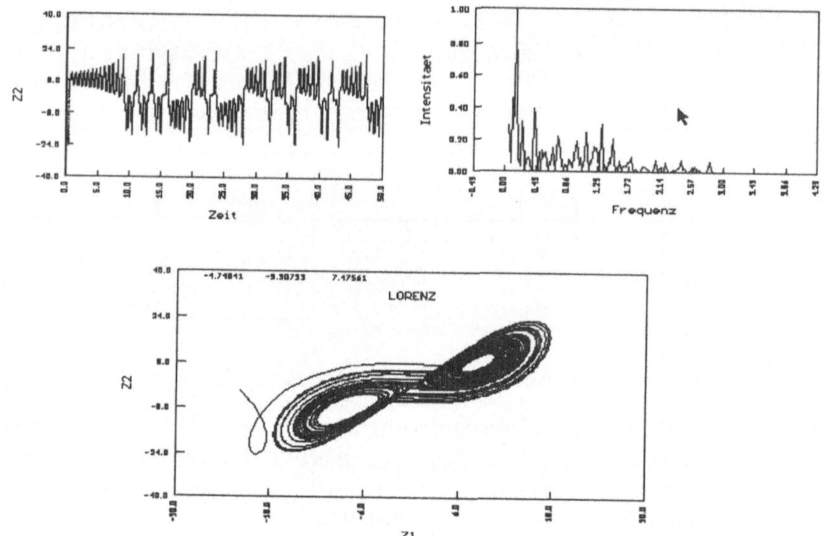


**Abbildung 6.5:** Der Lorenz-Attraktor bei $\sigma = 10$, $b = 8/3$ und $r = 28$.

Was passiert oberhalb $r_c$? Punktattraktoren kann es nicht mehr geben, denn die drei Kandidaten sind ja eindeutig instabil. Wird dann aus der Hopf-Bifurkation ein stabiler Grenzzyklus geboren? Was tatsächlich erscheint, zeigt uns Abbildung 6.5.

Der Lorenz-Attraktor ist wieder ein Beispiel eines *seltsamen* oder *chaotischen Attraktors*. Die 'Bewegung' des dynamischen Systems auf dem Attraktor ist nichtperiodisch. Dies erkennt man aus dem simulierten zeitlichen Verlauf der Zustandsvariablen, aber auch aus der Frequenzanalyse, Abbildung 6.5. Das Frequenzspektrum zeigt ein Kontinuum von Frequenzen, ähnlich dem eines rein zufälligen Zeitsignals, und wie beim seltsamen Attraktor des Lotka-Volterra-Systems, Abbildung 5.9. Der Übergang zum Chaos findet hier aber ohne Vermittlung von stabilen Grenzzyklen und Periodenverdoppelungen statt, er entwickelt sich direkt aus den stabilen Fixpunkten. Die Hopf-Bifurkation ist *subkritisch*, d. h. der erwartete Grenzzyklus ist von vornherein instabil.

Tabelle 6.1 zeigt die drei Liapunovexponenten des Lorenzsystems, in Abhängigkeit vom Parameter $r$, berechnet mit der Methode **liapunov**, Listing 6.1. Die Bifurkation bei $r_c \approx 25$ wird, wie erwartet, mit dem Positivwerden eines Exponenten begleitet. Die Summe der Exponenten ist konstant und in Übereinstimmung mit der Verallgemeinerung von (5.8) gleich

$$\lambda_1 + \lambda_2 + \lambda_3 = \mathrm{Div}\underline{f} = -\sigma - 1 - b = -13,67.$$

**Tabelle. 6.1** Liapunovexponenten für das Lorenz-Modell.

| $r$ | $\lambda_1$ | $\lambda_2$ | $\lambda_3$ | $\sum_i \lambda_i$ |
|---|---|---|---|---|
| 10 | -0,60 | -0,60 | -12,47 | -13,67 |
| 15 | -0,35 | -0,35 | -12,97 | -13,67 |
| 20 | -0,16 | -0,16 | -13,35 | -13,67 |
| 25 | +0,80 | -0,00 | -14,47 | -13,67 |
| 30 | +0,93 | -0,00 | -14,60 | -13,67 |

Der Lorenz-Attraktor hat in der Tat Volumen Null, seine Dimension ist aber fraktal. Wir erhalten mit (5.21) und für $r = 30$

$$D_F = 2 + \frac{0,93 + 0,00}{|-14,60|} = 2,063.$$

Man kann sich den Attraktor ungefähr vorstellen als ein im oberen Teil verzweigtes Blatt mit zwei 'Löchern', dort, wo die instabil gewordenen Fixpunkte (6.3) und (6.4) liegen, und mit einer kleinen 'Ausdehnung' in die dritte Dimension, eine Art Blätterteig. Abbildung 6.6 zeigt ihn aus vier verschiedenen Blickwinkeln.

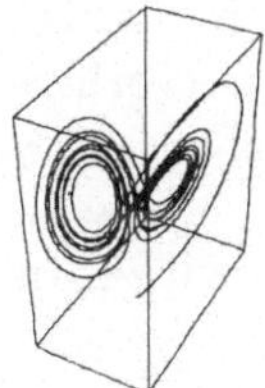
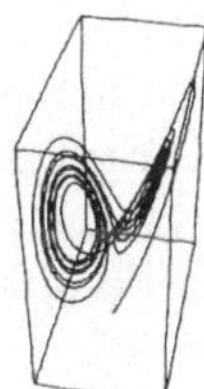
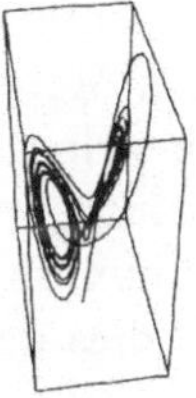
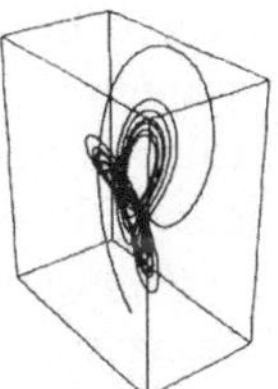

**Abbildung 6.6:** Der Lorenz-Attraktor in Perspektive.

Die Empfindlichkeit gegenüber Anfangsbedingungen, das wesentliche Charakteristikum chaotischer Dynamik, zeigt uns der Lorenz-Attraktor in sehr dramatischer Weise. Man kann z. B. folgendes 'Schmetterlingsexperiment' in der **dsolve**-Umgebung durchführen:

1. Setzen Sie mit der Methode **initialize** die Simulationszeit auf 10 herunter und starten Sie das Programm. Erzeugen Sie per Mausklick dann eine Bahn und lassen dann diese bis zum Erscheinen des Frequenzspektrums weiterlaufen.

2. Notieren Sie sich die Koordinaten des Endpunktes der Bahn, der sich jetzt sehr nahe am Lorenz-Attraktor befindet, und beenden Sie das Programm.

3. Mit der Methode **setStartValues** stellen Sie nun die notierten Koordinaten als neuen Anfangspunkt ein, und lassen Sie das Programm nochmals bis zum Ablauf der Simulationszeit laufen. Schreiben Sie die Koordinaten des Endpunktes wieder hin.

4. Nun können Sie mit **setStartValues** geringfügige Änderungen in den Anfangswerten probieren, z. B. in der dritten Stelle nach dem Komma (Flügelschlag eines Schmetterlings!). Das Ergebnis, wiederum nach Ablauf der Simulationszeit, ist verblüffend.[2]

Wenn wir das Lorenz-Modell als Paradigma für die Dynamik der Erdatmosphäre verstehen, dann liegt die Schlußfolgerung nahe, das Wetter, bzw. das Erdklima, als ein chaotisches dynamisches System zu betrachten. Wegen der extremen Empfindlichkeit gegenüber den Anfangsbedingungen wäre seine Vorhersagbarkeit dann grundsätzlich begrenzt, denn die Bestimmung der Anfangsbedingungen ist naturgemäß mit Meßfehlern verbunden, nicht zu reden von Störungen durch herumvagabundierende und unangemeldete Schmetterlinge.

Diese Unvorhersagbarkeit entspricht natürlich auch unseren tagtäglichen Erfahrungen und denen der Meteorologen, die sich mit Langzeitvorhersagen herumplagen müssen. Ob sich allerdings das Erdklima auf einem Attraktor niedriger fraktaler Dimension befindet, ist eine noch offene und sehr heiß diskutierte Frage [21]. Im nun folgenden Unterkapitel werden wir zusammen mit Lorenz so tun, als ob dies der Fall wäre.

[2] Das Programm **buttrfly.exe** auf der Programmdiskette demonstriert den Schmetterlingseffekt auf andere, noch imponierendere Weise.

### 6.1.2 Globale Zirkulation

Um das Langzeitverhalten des Erdklimas qualitativ zu erklären, erfand Lorenz ein wiederum extrem vereinfachtes Modell für die globale Zirkulation der Erdatmosphäre [22, 23]. Wir bauen es Stück für Stück zusammen:

*Erste Stufe*

$$\dot{Z}_1 = -aZ_1 + F.$$

Die Zustandsvariable $Z_1$ beschreibt die Intensität der westlichen Strömung der Atmosphäre um den Erdball, die sogenannte Hadley-Zelle [24], Abbildung 6.7.

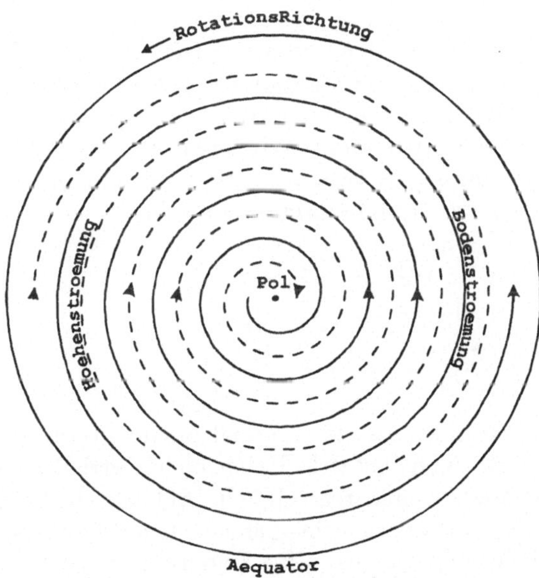


**Abbildung 6.7:** Die Hadley-Zirkulation auf einer Halbkugel. Die ablenkende Kraft der Erdrotation bewirkt - zusammen mit der konvektiven Zirkulation zwischen Pol und Äquator - eine spiralförmige, zyklonale Strömung Richtung Pol in der oberen Schicht, bzw. eine antizyklonale Strömung zum Äquator hin in der unteren Schicht.

Der Systemparameter $F$ bezeichnet die sogenannte 'thermal forcing', also die treibende Kraft solaren Ursprungs, die die Dynamik in Gang hält. Falls $F = 0$, erhalten wir als Lösung $Z_1(t) = Ce^{-at}$, $C$ eine beliebige Integrationskonstante: Die Hadley-Zirkulation klingt, thermischer und mechanischer Dämpfung der Luftbewegungen entsprechend, mit einer Zeitkonstante $1/a$ exponentiell ab, siehe auch Übung 5.

Die Hadley-Zirkulation ist nicht in der Lage, ein Temperaturgleichgewicht zwischen Pol und Äquator aufrechtzuerhalten. Groben Rechnungen zufolge wird sie bei einem meridionalen Temperaturgradienten von $6^o$C/1000 km instabil [25]. Tatsächlich reicht die Hadley-Zirkulation nur vom Äquator bis in maximal $30^o$ Breite. Polwärts dominieren breitenparallele Westwinde, denen Wellenstörungen überlagert sind.

*Zweite Stufe*

In unserem Modell erfolgt der Temperaturausgleich durch diese *planetarischen Wellen*, die der Hadley - Zirkulation überlagert werden. Die Theorie zeigt, daß die hierdurch austauschbare Energiemenge den tatsächlichen Verhältnissen angepaßt werden kann. Wir bezeichnen die Amplitude der ersten geraden bzw. ungeraden Fourierkomponenten der Wellen mit den Zustandsvariablen $Z_2$ und $Z_3$ und schreiben zunächst

$$\begin{aligned} \dot{Z}_1 &= -aZ_1 + F \\ \dot{Z}_2 &= -Z_2 + G \\ \dot{Z}_3 &= -Z_3. \end{aligned}$$

Systemparameter $G$ ist ebenfalls ein 'thermal forcing'-Term, der auf $Z_2$, aber nicht auf $Z_3$ wirkt, und dadurch die nichtsymmetrische Geographie der Kontinente und Meere simulieren soll. Die Abklingzeit der Wellen ist willkürlich auf eins gesetzt (woran sieht man das?), und bestimmt dadurch die Zeitskala des Gleichungssystems. Eine Zeiteinheit entspricht demnach etwa 5 Tage, der Lebensdauer terrestrischer Großwetterlagen. Der Systemparameter $a$ ist kleiner eins und modelliert eine langsamere Dämpfung der westlichen Strömung im Vergleich zu der der planetarischen Wellen.

Das - soweit lineare - System hat offensichtlich ein stabiles Gleichgewicht bei

$$Z_1 = F/a, \quad Z_2 = G, \quad Z_3 = 0.$$

*Dritte Stufe*

Durch die Erzeugung der Wellen $Z_2$ und $Z_3$ wird deren Energie (proportional zum Quadrat der Amplitude) aus der Hadley-Strömung herausgenommen:

$$\begin{aligned}\dot{Z}_1 &= -aZ_1 - Z_2^2 - Z_3^2 + F\\ \dot{Z}_2 &= -Z_2 + G\\ \dot{Z}_3 &= -Z_3.\end{aligned}$$

Ein stabiler Gleichgewichtspunkt liegt nun bei (Übung 2)

$$Z_1 = F/a - G^2/a, \quad Z_2 = G, \quad Z_3 = 0.$$

*Letzte Stufe*

$$\begin{aligned}\dot{Z}_1 &= -aZ_1 - Z_2^2 - Z_3^2 + F\\ \dot{Z}_2 &= Z_1(Z_2 - bZ_3) - Z_2 + G\\ \dot{Z}_3 &= Z_1(Z_3 + bZ_2) - Z_3.\end{aligned} \tag{6.6}$$

Die westliche Strömung $Z_1$ verstärkt die Bildung der Wellen $Z_2$ und $Z_3$ und versetzt sie auch zeitlich voneinander, was durch die beiden Rückkopplungsterme $Z_1(Z_2 - bZ_3)$ und $Z_1(Z_3 + bZ_2)$ zum Ausdruck kommt. Die Konstante $b$ ist der vierte und letzte Systemparameter des Modells.

Die Zustandsvariablen im Gleichungssystem (6.6) sind jetzt stark miteinander verkoppelt, und das dynamische System ist im höchsten Maße nichtlinear. Über Gleichgewichtspunkte, bzw. deren Stabilität, läßt sich also ohne relativ mühsame Rechnung nichts sagen. Eins kann man aber zunächst leicht zeigen: Die Dynamik spielt sich in einem endlichen Bereich des Zustandsraumes ab. Um dies zu sehen, betrachten wir das Quadrat der Entfernung eines beliebigen Zustandes $(Z_1, Z_2, Z_3)$ vom Ausgangspunkt $(0,0,0)$,

$$\underline{Z} \cdot \underline{Z} = Z_1^2 + Z_2^2 + Z_3^2.$$

Seine Veränderungsrate ist mit (6.6) und mit Hilfe der quadratischen Ergänzung gegeben durch

$$\begin{aligned}\frac{d}{dt}\underline{Z} \cdot \underline{Z} &= 2Z_1\dot{Z}_1 + 2Z_2\dot{Z}_2 + 2Z_3\dot{Z}_3\\ &= -[a(2Z_1 - F/a)^2 + (2Z_2 - G)^2 + (2Z)^2 - (F^2/a + G^2)]/2.\end{aligned}$$

Setzen wir die rechte Seite gleich Null, so erhalten wir die Gleichung für ein Ellipsoid $E$:

$$a(2Z_1 - F/a)^2 + (2Z_2 - G)^2 + (2Z_3)^2 = F^2/a + G^2,$$

auf deren Oberfläche die Veränderungsrate Null ist. Außerhalb von $E$ gilt offensichtlich

$$\frac{d}{dt}(\underline{Z} \cdot \underline{Z}) < 0.$$

Betrachten wir nun eine Sphäre $S$, die am Ausgangspunkt $(0,0,0)$ zentriert ist, und $E$ vollständig einschließt. Alle Bahnen, die sich außerhalb von $S$ befinden, fließen dann in $S$ hinein und bleiben dort gefangen. Attraktoren, falls sie existieren, müssen demnach eine endliche Ausdehnung haben.

Wir wollen im weiteren das Modell ausschließlich mittels Simulation untersuchen. Das Programm zeigt Listing 6.2.

```
program zirkulat;
{ Simulation des Lorenz Zirkulationsmodells }
uses graph,dsolve;
{}
const a = 0.25;  { Modellparameter }
      b = 4.0;
      F0= 1.5;
      F1= 0;
      G = 1.0;
{}
type TcirculationModel = object(Tsimulation)
     procedure equations(t: real; Z: array4;
                         var dZdt: array4); virtual;
   end;
{}
procedure TcirculationModel.equations;
function F(t:real): real; { Die Jahreszeiten }
begin
   F := F0+F1*cos(2*pi*t/73)
end;
begin
   dZdt[1]:= -a*Z[1]-Z[2]*Z[2]-Z[3]*Z[3]+F(t);
   dZdt[2]:= Z[1]*Z[2]-b*Z[1]*Z[3]-Z[2]+G;
   dZdt[3]:= b*Z[1]*Z[2]+Z[1]*Z[3]-Z[3];
end;
{}
var circulationModel: TcirculationModel;
{}
begin
   with circulationModel do begin
      initialize(-1,3,-3,3,100,3,3,'Lorenz Zirkulation');
      go;
      poincare(-1,3,-3,3,0.4)
   end
end.
```

**Listing 6.2** Ein Simulationsprogramm für das System (6.6).

Man beachte, daß die Möglichkeit einer periodischen Sonneneinstrahlungsänderung mit Periode $73 \times 5$ Tage $= 1$ Jahr die den Jahreszeiten entspricht,

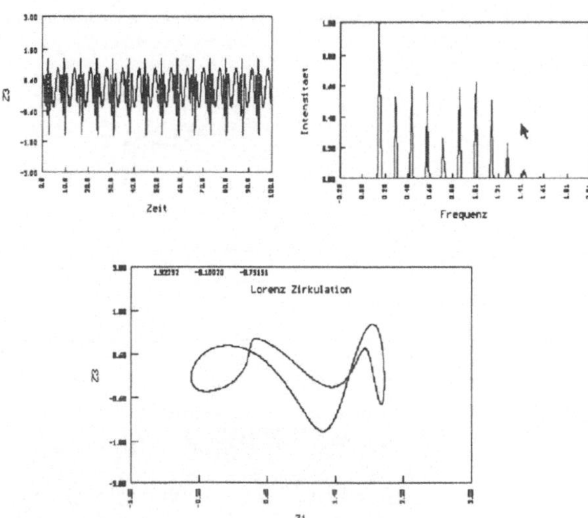


**Abbildung 6.8:** Simulation des Zirkulationsmodells (6.6) mit $a = 1/4, b = 4, G = 1, F = 3/2$.

vorgesehen ist. Aber wir werden zunächst nur die von Lorenz vorgeschlagenen Systemparameter eines 'ewigen Sommers' übernehmen:[3]

$$a = 1/4,\ b = 4,\ G = 1,\ F = 3/2 \quad (\text{also } F0 = 1{,}5,\ F1 = 0).$$

Abbildung 6.8 zeigt das Ergebnis: Das 'Erdklima' ist periodisch!

Im Winter ist der Nord-Süd Wärmekontrast größer als im Sommer. Wir erhöhen $F$ entsprechend auf den Wert 2 und erzeugen dadurch prompt einen - sehr - seltsamen Attraktor, Abbildung 6.9. Im Gegensatz zu den beiden bisherigen Exemplaren (Abbildungen 5.9 und 6.5) ist die fraktale Struktur dieses seltsamen Attraktors stark ausgeprägt. Mit fraktaler Dimension $\approx 2.4$ (Übung 3) liegt er etwa auf halber Strecke zwischen Fläche und 'Festkörper'! Mittels eines sogenannten *Poincaré-Schnitts*[4] kommt die Cantor-Mengen-ähnliche Struktur des Attraktors zum Vorschein.

---

[3]Die Bezeichnung 'Sommer' ist hier - typisch Lorenz! - nur paradigmatisch zu verstehen.

[4]Im einfachsten Fall ein Querschnitt des Zustandsraumes, der die Dimension des Attraktors um eins reduziert. Die Erzeugung des Poincaré-Schnitts in der **dsolve** - Umgebung wird im Anhang ausführlich beschrieben.

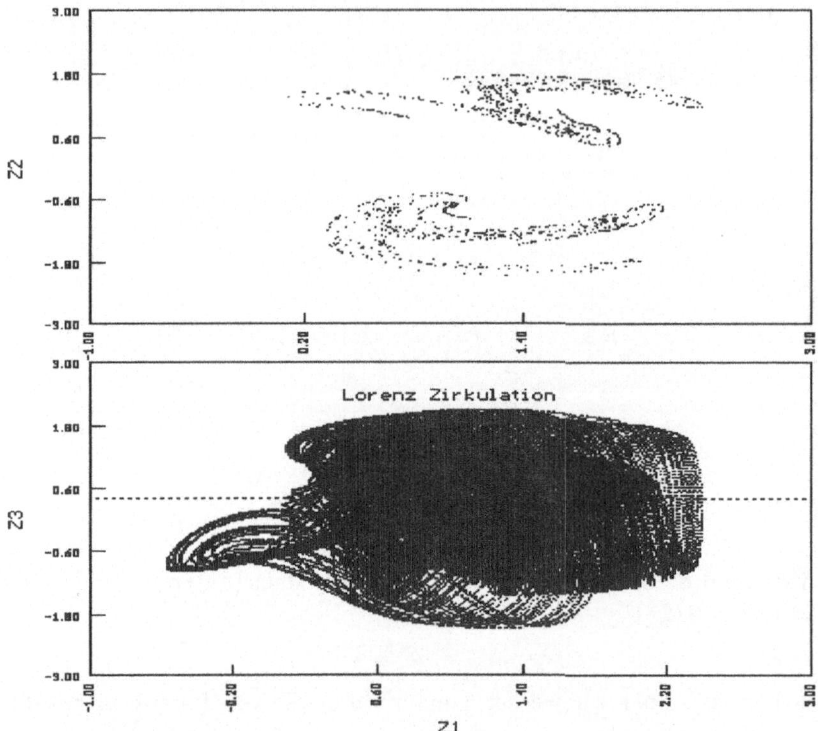


**Abbildung 6.9:** Simulation des Zirkulationsmodells (6.6) bei $a = 1/4, b = 4, G = 1, F = 2$. Oben ein Poincaré-Schnitt bei $Z_3 = 0.4$.

Die simulierte globale Zirkulation ist nun, physikalischen Beobachtungen zumindest qualitativ entsprechend, weder periodisch noch voraussagbar, und dies trotz der extremen Einfachheit des deterministischen Modells! Um Lorenz zu zitieren:

> ... the chief lesson to be learned from the model is that (irregular) fluctuations need not require external irregularity or even external variability.... accurate long-range predictions of global weather patterns is impossible, even though some features, such as continental averages, may remain reasonably predictable after other features, such as the longitudes of migratory storms, have lost all predictability.

Schalten wir jetzt mit $F0 = 1,75$, $F1 = 0,5$ die Jahreszeiten ein. Die treibende Kraft $F$ soll demnach jährlich zwischen 2,25 im Januar ($t = 0$) und 1,25 in Juli ($t = 73/2$) variieren. Abbildung 6.10 zeigt das zeitliche Verhalten der westlichen Strömung $Z_1$ über eine Reihe von 10 Jahren.

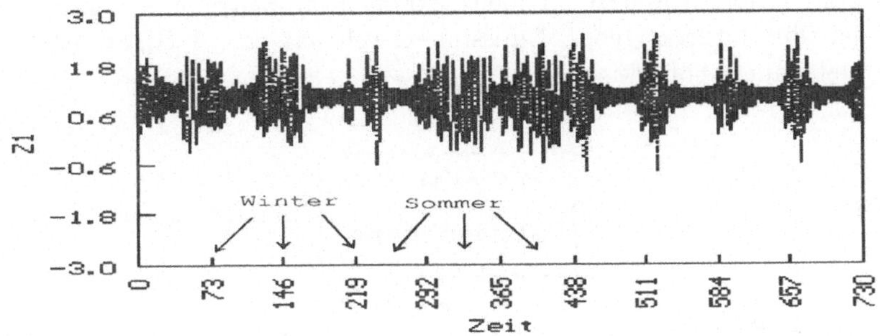


**Abbildung 6.10:** Die Zeitabhängigkeit von $Z_1$ für 10 Jahre, mit Parameterwerten $a = 1/4$, $b = 4$, $G = 1$, $F0 = 1,75$, $F1 = 0,5$.

Auffallend ist die Abwechslung zwischen chaotischen und ruhigen oder - wie Lorenz sie nennt - aktiven und inaktiven 'Sommern'. Am Ende des Plots sind sogar vier inaktive Sommer hintereinander zu beobachten. Längere Simulationen (über 100 Jahre [23]) bestätigen diesen Effekt. Einmal trat sogar eine ununterbrochene Reihe von 13 schönen Sommern auf, bevor das übliche Chaos wieder das Wetter vermieste! Dazu Herr Lorenz:

> A similar occurrence in the real world might easily, by the time the thirteenth summer arrives, be interpreted as a climatic change.

In den USA vielleicht. Unseren deutschen Medien würde eine wesentlich kürzere Reihe genügen.

Apropos Klimaveränderung, ein dafür bestimmender Faktor soll sein ...

### 6.1.3 Der atmosphärische $CO_2$-Haushalt

Es wird geschätzt, daß etwa 50% des sogenannten anthropogenen Treibhauseffektes durch das Spurengas $CO_2$ verursacht wird. Anthropogene Emissionen, hauptsächlich das Abbrennen fossiler Brennstoffe, tragen z. Z. wesentlich zu einem seit mehreren Jahren beobachteten Anstieg der mittleren $CO_2$ - Konzentration in der Atmosphäre bei.

Die derzeitige Konzentration von $CO_2$ beträgt etwa 350 ppm, entsprechend einer Gesamtmenge von grob gerechnet 700 Gigatonnen Kohlenstoff (eine Gigatonne = $10^9$ Tonnen), Tendenz exponential steigend. Im Jahr 1980 betrugen die anthropogenen Emissionen weltweit ca. 5 Gigatonnen pro Jahr, siehe auch Abbildung 1.1.

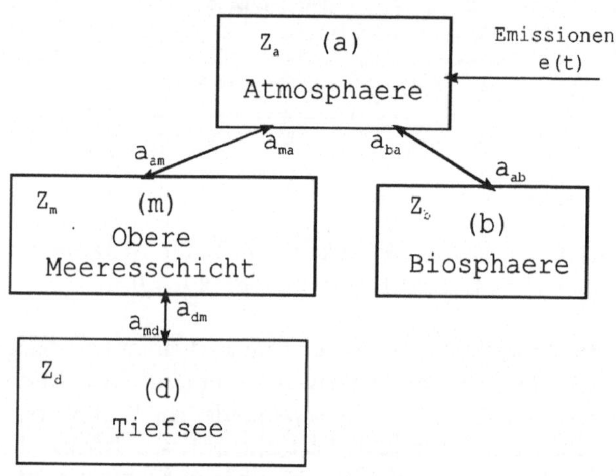


**Abbildung 6.11:** Ein Massenbilanzmodell für $CO_2$

Bei der Abschätzung des hiermit verbundenen globalen Temperaturanstiegs stellt sich die wichtige Frage: Wieviel von dem von Menschen erzeugten $CO_2$ verbleibt in der Atmosphäre? Ein einfaches dynamisches Modell (sogenannte 'four box model'), in Abbildung 6.11 dargestellt, soll diese Frage grob beantworten. [26]

Die Variablen $Z_a, Z_b, Z_m, Z_d$ kennzeichnen die augenblicklichen $CO_2$ - Inventare, und die Systemparameter $a_{ba}, a_{ab}, \ldots$ die Austauschgeschwindigkeiten (in Bruchteilen der Gesamtmenge pro Jahr) zwischen den jeweiligen Kästen.

Der Zustand des Systems ist also durch den 4-dimensionalen Vektor

$$\underline{Z} = \begin{pmatrix} Z_a \\ Z_b \\ Z_m \\ Z_d \end{pmatrix}$$

und seine Dynamik durch die linearen Differentialgleichungen

$$\begin{aligned} \dot{Z}_a &= -a_{ab}Z_a - a_{am}Z_a + a_{ba}Z_b + a_{ma}Z_m + e(t) \\ \dot{Z}_b &= a_{ab}Z_a - a_{ba}Z_b \\ \dot{Z}_m &= a_{am}Z_a - a_{ma}Z_m - a_{md}Z_m + a_{dm}Z_d \\ \dot{Z}_d &= a_{md}Z_m - a_{dm}Z_d \end{aligned} \tag{6.7}$$

gegeben. Die Funktion $e(t)$ modelliert anthropogene Emissionen. Das Gleichungssystem ist also linear und nichtautonom. Eine kompaktere Schreibweise für (6.7) wäre

$$\dot{\underline{Z}} = \mathbf{A} \cdot \underline{Z} + \underline{e}(t), \tag{6.8}$$

wobei die Systemmatrix $\mathbf{A}$ gegeben ist durch

$$\mathbf{A} = \begin{pmatrix} -a_{ab} - a_{am} & a_{ba} & a_{ma} & 0 \\ a_{ab} & -a_{ba} & 0 & 0 \\ a_{am} & 0 & -a_{ma} - a_{md} & a_{dm} \\ 0 & 0 & a_{md} & -a_{dm} \end{pmatrix}$$

und die Inhomogenität $\underline{e}(t)$ durch

$$\underline{e}(t) = \begin{pmatrix} e(t) \\ 0 \\ 0 \\ 0 \end{pmatrix}.$$

Es liegen nur grobe Schätzwerte für die Austauschkoeffizienten vor, wie in folgender Tabelle aufgelistet:

**Tabelle 6.2** Systemparameter des $CO_2$-Modells

| $a_{ab}$ | $a_{ba}$ | $a_{am}$ | $a_{ma}$ | $a_{md}$ | $a_{dm}$ |
|---|---|---|---|---|---|
| 1/33 | 1/40 | 1/5 | 1/6 | 1/6.2 | 1/300 |

Betrachten wir zunächst das Gleichgewicht des Systems bei $e(t) = 0$, wie es vermutlich die Situation vor Beginn des industrialen Zeitalters war. Aus

(6.8) erhalten wir, wenn wir $\dot{\underline{Z}} = \underline{0}$ setzen,

$$\mathbf{A} \cdot \underline{Z} = \underline{0}.$$

Wäre nun **A** nichtsingulär, gäbe es nur die triviale Lösung $\underline{Z} = \underline{0}$ , d. h. es gäbe $CO_2$ nirgendwo auf der Erde! Dies wäre natürlich Unsinn, und in der Tat ist **A** (ausnahmsweise) singulär:

$$\mathrm{Det}\,\mathbf{A} = 0.$$

Dies spiegelt die Tatsache, daß die Gleichungen (6.7) mit $e(t) = 0$ eine *Massenbilanz* darstellen und linear abhängig sind.

Ein nichttriviales Gleichgewicht existiert also, und ist durch

$$\underline{Z}^0 = \begin{pmatrix} Z_a^0 \\ Z_b^0 \\ Z_m^0 \\ Z_d^0 \end{pmatrix} = Z_a^0 \begin{pmatrix} 1 \\ \frac{a_{ab}}{a_{ba}} \\ \frac{a_{am}}{a_{ma}} \\ \frac{a_{am}a_{md}}{a_{ma}a_{dm}} \end{pmatrix}, \quad Z_a^0 \text{ willkürlich,}$$

gegeben, was sehr leicht zu verifizieren ist (Übung 4). Um das Gleichgewicht völlig zu bestimmen, setzen wir $Z_a^0 \approx 700$ Gigatonnen Kohlenstoff. Der Gleichgewichtszustand entspricht dann

$$\underline{Z}^0 = \begin{pmatrix} 700 \\ 848 \\ 840 \\ 40.645 \end{pmatrix} \text{ Gigatonnen.}$$

Der weitaus grösste Teil des $CO_2$-Inventars der Erde (ca 95%) ist im tiefen Ozean gebunden!

Ein Modell, besser gesagt ein Szenario für $CO_2$ Emissionen, wäre z. B. folgendes:

- Dynamisches Gleichgewicht des $CO_2$ Haushalts bis zum Anfang der industriellen Revolution, sagen wir im Jahr 1850.
- Danach, exponentielle Zunahme der Emissionen bis zum Jahr 1980, mit der damaligen Emissionsmenge von 5 Gigatonnen pro Jahr.
- Weiteres exponentielles Wachstum bis zum Jahr 2050 (pessimistisch oder realistisch?)
- Lineare Abnahme bis ungefähr Null Ende des 23. Jahrhunderts.

```
program co2;
{  Simulation eines CO2-Zyklus  }
uses graph,dsolve,xyPlots;
{}
const                       { - Austauschkoeffiziente - }
{      --------------------------------------------------- }
      Aab     = 0.030;  {   Atmosphaere - Biosphaere }
      Aba     = 0.025;
      Aam     = 0.200;  {   Atmosphaere - Obere Meeresschichte }
      Ama     = 0.167;
      Amd     = 0.161;  {   Obere Meeresschichte -  Tiefsee }
      Adm     = 0.003;
{}
type TCO2Model = object(Tsimulation)
        procedure equations(t: real; Z: array4;
                                 var dZdt: array4); virtual;
     end;
{}
function e(t: real): real;
{ Simuliert exponentiell wachsende  CO2-Emissionsrate,
  von 1850(50) bis 2050(250),  5 Gt/a im Jahr 1980.
  Lineare Abnahme bis Null im Jahr 2300(500). }
begin
   if t<50 then e:= 0
   else if t< 250 then e:= 0.0164*(exp(0.044*(t-50)) -1)
   else if t< 500 then e:= 108 - 0.432*(t-250)
   else                e:= 0
end;
{}
procedure TCO2Model.equations;
begin
   dZdt[1]:= -(Aab + Aam)*Z[1] + Aba*Z[2] + Ama*Z[3] + e(t);
   dZdt[2]:=  Aab*Z[1] - Aba*Z[2];
   dZdt[3]:=  Aam*Z[1] - (Ama + Amd)*Z[3] + Adm*Z[4];
   dZdt[4]:=  Amd*Z[3] - Adm*Z[4];
end;
{}
var CO2Model: TCO2Model;
{}
begin
   with CO2Model do begin
      initialize(500,2000,500,2000,500,4,1,'CO2 Cycle');
      setStartValues(700,700*Aab/Aba,700*Aam/Ama,
                           700*Aam*Amd/(Ama*Adm));
      go
   end
end.
```

**Listing 6.3** Ein Simulationsprogramm für das CO2-Modell (6.7).

Die Simulation des Modells in der **dsolve**-Umgebung, die hierfür nicht besonders gut geeignet aber ausreichend ist, zeigt Listing 6.3. Das Ergebnis der Simulation ist in Abbildung 6.12 dargestellt: eine Verdoppelung des

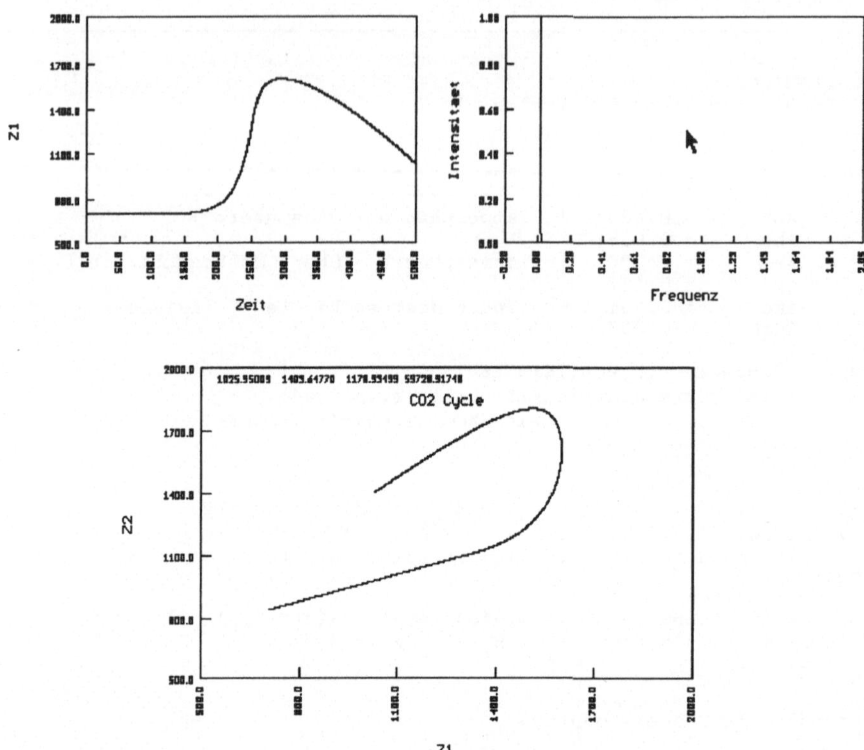


**Abbildung 6.12:** $CO_2$-Simulationsergebnis. Die Zeitachse oben links ist als Jahreszahl-1800 zu lesen.

$CO_2$-Inventars etwa im Jahr 2070. Dies entspricht auch in etwa den Grundannahmen zu den sogenannten *global warming*-Szenarien, die eine mittlere Erhöhung der globalen Temperatur um 2 bis 4 Grad voraussagen.

## 6.2 Pocken und Masern

Bei einer Betrachtung der Zeitabhängigkeit von Kinderkrankheit-Epidemien, wie z. B. in Abbildung 6.13, wäre man geneigt zu sagen: alles Zufall.

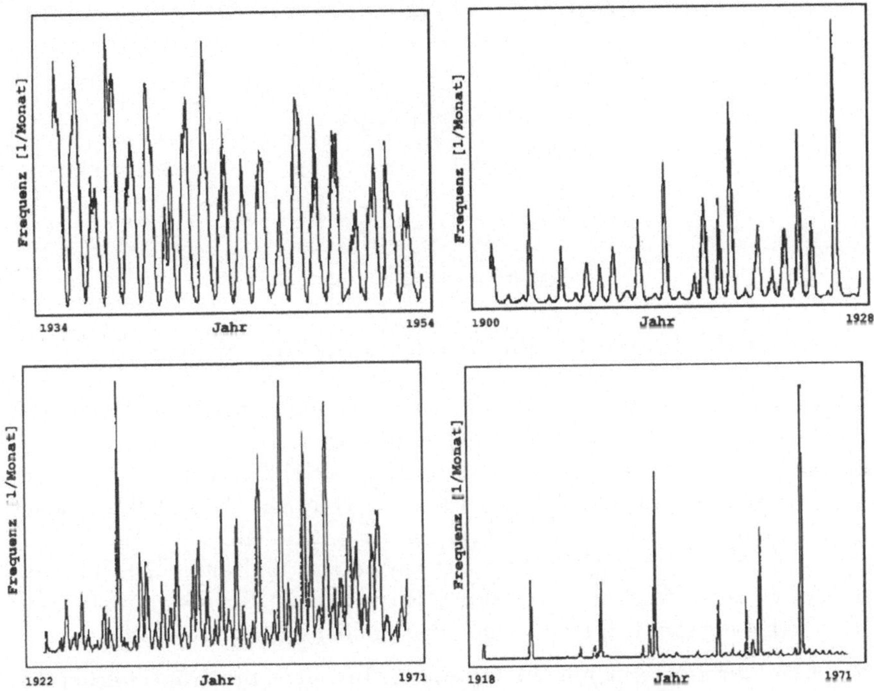


**Abbildung 6.13:** Historische Statistiken über Kinderkrankheiten in den USA, von oben nach unten, links nach rechts: Windpocken, St. Louis; Masern, Baltimore; Ziegenpeter, Milwaukee; Röteln, Milwaukee, nach [27].

Die sporadischen Ausbrüche, deren wild fluktuierende Heftigkeit, alles scheint auf stochastische, nicht kontrollierbare Einflüsse von 'außen' zu deuten, vielleicht auch auf Meß- bzw. Datenerhebungsfehler. Interessanterweise herrscht unter Experten weitgehend Einigung, daß Zeitreihen dieser Art einige der besten Exemplare von Determinismus in der empirischen Biologie darstellen. Gemeint ist selbstverständlich deterministisches Chaos!

### 6.2.1 Das SEIR-Modell

Die Dynamik der Epidemien werden wir anhand des in Abbildung 6.14 dargestellten SEIR-Modells [28] untersuchen.

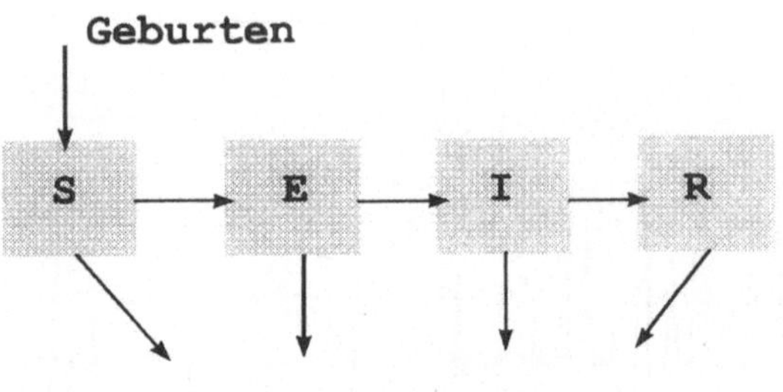


**Abbildung 6.14:** Flußdiagramm des SEIR-Modells.

Neugeborene Kinder gehören zur Gruppe der anfälligen (Engl. *(S)usceptible*). Später, vor allen Dingen, wenn sie das Schulalter erreichen und mit anderen Kindern in Kontakt kommen, wandern sie allmählich in die Gruppe der infizierten (*(E)xposed*). Früher oder später bricht die Krankheit aus, und sie sind dann selbst ansteckend (*(I)nfective*). Schließlich erholen sie sich (*(R)ecovered*), sind danach nicht mehr ansteckend und außerdem immun, also gibt es keine Rückkopplung mit Gruppe S. Alle Bevölkerungsklassen weisen selbstverständlich eine kleine, aber endliche Sterberate auf.

Betrachten wir zunächst nur die Gruppe S. Bei einer pro Kopf Sterberate $m$ und keiner Geburten ist die Zeitabhängigkeit der $S$-Population durch

$$\dot{Z}_S(t) = -mZ_S(t)$$

gegeben. Die mittlere Lebenserwartung eines Kindes ist demnach $1/m$ (Übung 5). Bei einer Geburtenrate proportional zur Gesamtpopulation zum Zeitpukt $t$, also zu $Z(t)$, welches gegeben ist durch

$$Z(t) = Z_S(t) + Z_E(t) + Z_I(t) + Z_R(t),$$

erhalten wir die Änderungsrate

$$\dot{Z}_S(t) = rZ(t) - mZ_S(t).$$

Sobald ein anfälliges Kind mit einem bereits ansteckenden in Berührung kommt, gehört es der Gruppe der Infizierten an. Die Übertragung der

Krankheit geschieht mit einer Geschwindigkeit, die zum Produkt der Bevölkerung der S- und I-Gruppe proportional ist. Wir erhalten also letztendlich für $Z_S$ die Differentialgleichung

$$\dot{Z}_S(t) = rZ(t) - mZ_S(t) - bZ_S(t)Z_I(t), \tag{6.9}$$

wobei $b$ die mittlere Zahl derjenigen Anfälligen bezeichnet, die pro Jahr mit einem Ansteckenden in Kontakt kommen.

Die Gruppe der Infizierten wächst mit der Geschwindigkeit

$$bZ_S(t)Z_I(t)$$

und kann nur durch Krankheitsausbruch bzw. Sterben verlassen werden:

$$\dot{Z}_E(t) = bZ_S(t)Z_I(t) - aZ_E(t) - mZ_E(t). \tag{6.10}$$

Analog zu $1/m$ können wir $1/a$ als die mittlere Latenzzeit bezeichnen.

Nach Ablauf der Latenzzeit kommt das Individuum in die ansteckende Gruppe I und verlässt sie erst nach Abklingen der Krankheit oder nach dem Tod:

$$\dot{Z}_I(t) = aZ_E(t) - gZ_I(t) - mZ_I(t), \tag{6.11}$$

wobei nun $1/g$ die mittlere Zeit der Krankheitsübertragbarkeit ist.

Die Differentialgleichung fur die Population der R-Gruppe lautet einfach

$$\dot{Z}_R(t) = gZ_I(t) - mZ_R(t). \tag{6.12}$$

Nun verlangen wir, daß die Gesamtbevölkerung zeitlich konstant bleibt, d. h., wir verlangen

$$\dot{Z}(t) = \dot{Z}_S(t) + \dot{Z}_E(t) + \dot{Z}_I(t) + \dot{Z}_R(t) = 0.$$

Äquivalent dazu, durch Aufaddieren der Gleichungen (6.9) bis (6.12), ergibt sich

$$rZ(t) - m(Z_R(t) + Z_E(t) + Z_I(t) + Z_R(t)) = (r - m)Z(t) = 0$$

oder schlicht $r = m$.

Mit der Normierung $Z(t) = 1$, und unter Weglassung von Gleichung (6.12), die wegen der fehlenden Rückkopplung für die Dynamik keine Rolle spielt, lautet das SEIR-Modell schließlich:

$$\begin{aligned} \dot{Z}_S(t) &= m(1 - Z_S(t)) - bZ_S(t)Z_I(t) \\ \dot{Z}_E(t) &= bZ_S(t)Z_I(t) - (m + a)Z_E(t) \\ \dot{Z}_I(t) &= aZ_E(t) - (m + g)Z_I(t). \end{aligned} \tag{6.13}$$

```
program seir;
uses graph,dsolve;
const m = 0.02;  { Modellparameter }
      a = 35.84;
      g = 100;
      b0= 1800;
      b1= 0.0;
type TseirModel = object(Tsimulation)
     procedure equations(t: real; Z: array4;
                         var dZdt: array4); virtual;
   end;
procedure TseirModel.equations;
function b: extended;
begin
   b:= b0*(1+b1*cos(2*pi*t))
end;
begin
   dZdt[1]:= m*(1-Z[1])  - b*Z[1]*Z[3];      {S}
   dZdt[2]:= b*Z[1]*Z[3] - (m+a)*Z[2];       {E}
   dZdt[3]:= a*Z[2]      - (m+g)*Z[3]        {I}
end;
var seirModel: TseirModel;
begin
   with seirModel do begin
      initialize(0,0.1,0,0.001,50,3,3,'SEIR-Modell');
      setStartValues(0.05267,0.00004,0.00001,0);
      go
   end
end.
```

**Listing 6.4** Ein Simulationsprogramm für das SEIR-Modell (6.15).

Die Systemparameter $m$, $a$ und $g$ können direkt gemessen werden. Typische Größenordnungen in westlichen Ländern sind

$$1/m \approx 100, \quad 1/a \approx 0,1, \quad 1/g \approx 0,01$$

in Jahreseinheiten. Beispielsweise ist die mittlere Übertragbarkeitszeit $1/g$ ca. $0,01 \times 365 \approx 3,7$ Tage. Der Parameter $b$ kann im allgemeinen nur indirekt geschätzt werden; je nach Krankheitstyp liegt er größenordnungsmäßig zwischen 100 und 1000.

Die Dynamik des Systems (6.13) ist nicht besonders aufregend: Entweder klingt die Epidemie aus, oder sie erreicht eine konstante Intensität. (Der Leser ist in Übung 6 aufgefordert, dies zu zeigen.)

Wesentlich interessanter wird es, wenn man den Parameter $b$ als zeitabhängig betrachtet. Dies ist ja auch naheliegend, denn der 'Infektionsbrutkasten'

Schule wird während der Sommerferien ausgeschaltet. Der einfachste Ansatz ist, $b$ durch eine periodische Funktion wie

$$b(t) = b_0(1 + b_1 \cos 2\pi t) \tag{6.14}$$

zu ersetzen. Aus dem System von Differentialgleichungen (6.13) erhalten wir somit das neue System

$$\begin{aligned} \dot{Z}_S(t) &= m(1 - Z_S(t)) - b_0(1 + b_1 \cos 2\pi t) Z_S(t) Z_I(t) \\ \dot{Z}_E(t) &= b Z_S(t) Z_I(t) - (m + a) Z_E(t) \\ \dot{Z}_I(t) &= a Z_E(t) - (m + g) Z_I(t), \end{aligned} \tag{6.15}$$

das wir im folgenden mit Hilfe eines Simulationsprogrammes lösen wollen.

Wir haben es nochmals, wie in Kapitel 6.1.3, mit einem *nichtautonomen* System zu tun, da die Zeit als explizite unabhängige Variable auftritt. Das Simulationsprogramm zeigt Listing 6.4.

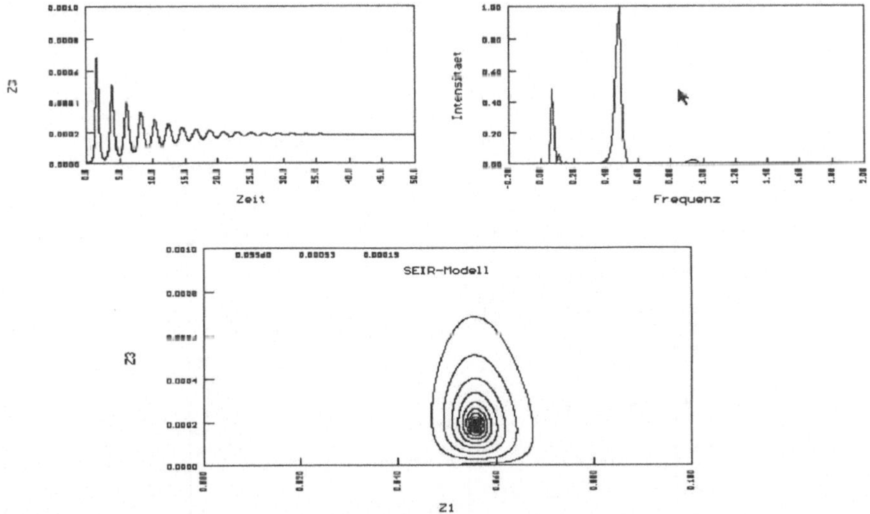


**Abbildung 6.15:** Simulationsergebnis des SEIR - Models (6.15) mit $b_1$=0.

## 6.2.2 Simulationsversuche

Die voreingestellten Parameterwerte entsprechen in etwa den Beobachtungen für Masern. Bei Zeitunabhängigkeit des Parameters $b$, d.h. $b_1 = 0$,

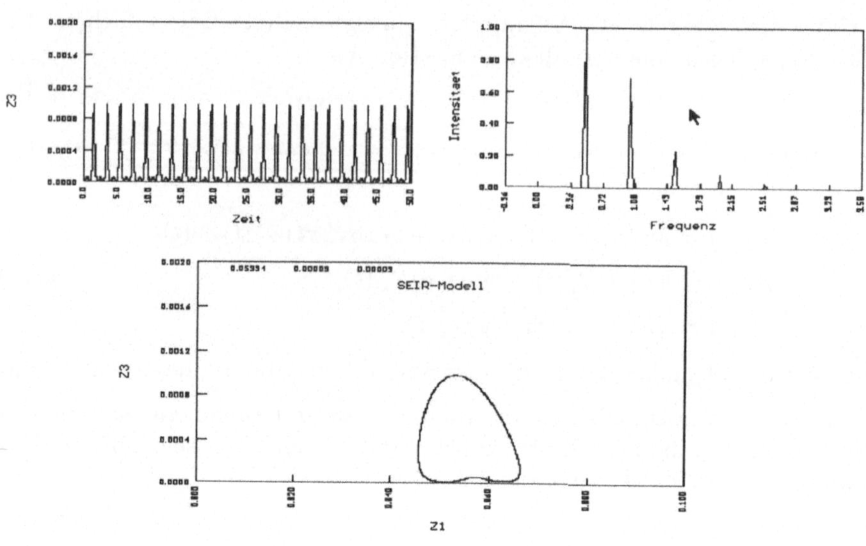


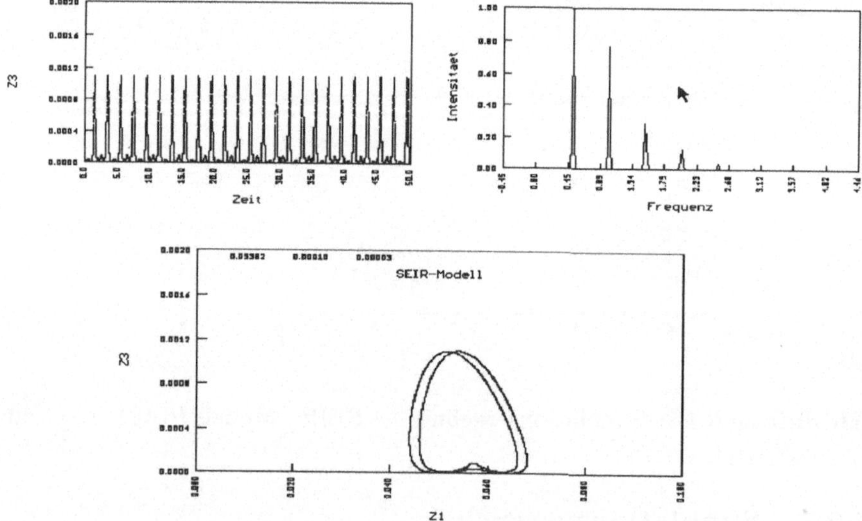


**Abbildung 6.17:** Simulationsergebnis des SEIR - Models (6.15) mit $b_1$=0.25.

erreicht das System nach kurzer Zeit einen Punkattraktor: die drei Zustandsvariablen bleiben konstant, siehe Abbildung 6.15. Mit zunehmender Amplitude $b_1$ präsentieren sich einfache, dann mehrfache Zyklen und schließlich ausgeprägtes Chaos (Abbildung 6.16, 6.17 und 6.18).

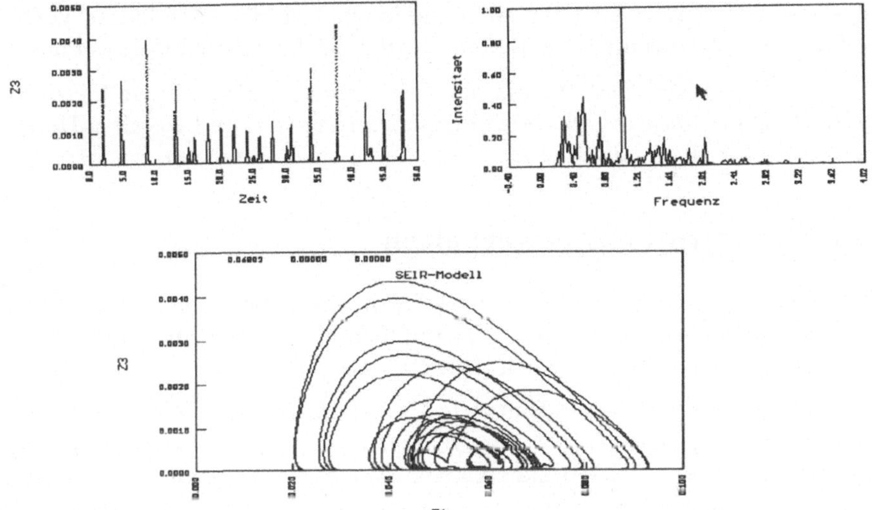


**Abbildung 6.18:** Simulationsergebnis des SEIR - Models (6.15) mit $b$=0.28.

Beim Vergleich des Modellzeitspektrums, z. B. in Abbildung 6.18, mit den empirischen Daten von Abbildung 6.13, ist die qualitative Ähnlichkeit in der Tat auffallend. Sie deutet auf eine einfache deterministische Erklärung eines dem Anschein nach sehr komplizierten Vorgangs hin.

## 6.3 Verhaltensdynamik

Das zappelige Verhalten der Beute-Biester des zweiten Kapitels war, wie wir uns erinnern, unter Umständen einer Strategie des Weitwanderns gegenüber stabil. Die erfolgreichsten Tierchen agierten nach dem - sehr vernünftigen - Candideschen Motto: *Il faut cultiver son jardin.*

Dies, obwohl ihre 'Gehirne' aus nur sechs Integerzahlen (ganz und gar 96 Bits) bestanden!

Ähnlich vernünftige, aber im Gegenteil zu den Biestern manchmal ganz uneigennützige Verhaltensweisen beobachtet man in der Natur, z. B. bei Paarungskämpfen unter männlichen Tieren. Solche Kämpfe gehen auch bei ungleichen Kontrahenten in der Regel glimpflich aus, was einerseits zwar das Fortbestehen der Spezies fördert, aber anderseits genetisch schwer zu erklären ist. Warum gibt es z. B. keine Männchen, die einen klaren Vorteil erbarmungslos ausnutzen, um ihren Gegner ein für allemal loszuwerden?

Einen sehr erfolgreichen Ansatz zur Beantwortung dieser Frage bietet die *Evolutionsspieltheorie* [29]. Wir wollen diesen Ansatz, und vor allen Dingen die Rolle, die die qualitative Dynamik dabei spielt, jetzt untersuchen.

### 6.3.1 (Ir)rationales Verhalten

Die Spieltheorie in ihrer allgemeinen Form wurde erfunden, um Konflikte zwischen den einzigen rationalen Tieren, den Menschen,[5] optimal zu lösen. Fangen wir also mit ihnen, d. h. mit uns, an.

Abbildung 6.19 zeigt das bekannteste - und berüchtigste - aller nichtkooperativen Zwei-Personen Spiele, das *Gefangenendilemma*, und zwar in der sogenannten Normal- oder Bimatrixform. Zwei eines Diebstahls beschuldigte schwere Jungs werden getrennt verhört, können sich also nicht absprechen. Halten beide den Mund, reichen die Beweise nicht aus, und jeder wird nur zu einem Monat Gefängnis verurteilt, weil im Besitz von gestohlenem Eigentum. Gesteht einer von beiden, greift die Kronzeugenregelung: Er wird auf Bewährung freigesetzt. Der betrogene, ungeständige Kumpel wird aber zu einem Jahr Knast verdonnert. Gestehen beide, sitzen sie jeweils 9 Monate.

Jeder Spieler ist im Besitz einer *Strategienmenge*

$$\Phi = \{\text{'Mund halten'}, \text{'Gestehen'}\}.$$

Erdreisten wir uns nun als Möchtegernspieltheoretiker und empfehlen eine optimale Verhaltensweise, d. h. ein Strategienpaar $(x^*, y^*)$ mit $x^*$ in $\Phi$, $y^*$ in $\Phi$, das die Auszahlung an jeden Spieler maximiert (die Strafzeit minimiert), *unter voller Berücksichtigung der Alternativen und Prioritäten beider Spieler.* Mit der gutgemeinten und naheliegenden Empfehlung: *Haltet beide bloß den Mund!* , also

$$(x^*, y^*) = (\text{'Mund halten'}, \text{'Mund halten'}),$$

[5] Ha ha.

| 1 \ 2 | Gestehen | Mund halten |
|---|---|---|
| Gestehen | -9<br>-9 | 0<br>-12 |
| Mund halten | -12<br>0 | -1<br>-1 |

**Abbildung 6.19:** Das Gefangenedilemma als Bimatrixspiel. Die reinen Strategien der Spieler sind 'Gestehen' und 'Mund halten'. Die entsprechenden (negativen) Auszahlungen in Monaten Freiheitsentzug sind für jede mögliche Strategiekombination oben für Spieler 1, bzw. unten für Spieler 2, angegeben. Die senkrechten und waagerechten Pfeile zeigen die Anreizrichtung für eine Strategieänderung des ersten, bzw. des zweiten Spielers.

wären wir schnell unseren Ruf als Spieltheoretiker wieder los, denn diese ist keine *Gleichgewichtsstrategie*. Sobald unsere Empfehlung ausgesprochen wird, gibt es einen Anreiz für die Spieler, davon abzuweichen. Die Pfeilrichtungen in Abbildung 6.19 sollen dies verdeutlichen.[6]

Wir dürfen also nur Gleichgewichtsstrategien empfehlen, d. h. Strategienpaare, für die keinerlei Anreiz für einen Spieler besteht, *unilateral* von seiner Strategie abzuweichen, denn er kann sich nie dadurch verbessern, wohl aber verschlechtern. Das sind Strategienpaare $(x^*, y^*)$, die den Bedingungen

$$\begin{aligned} I_1(x^*, y^*) &\geq I_1(x, y^*), \quad \text{für alle } x \text{ in } \Phi \\ I_2(x^*, y^*) &\geq I_2(x^*, y), \quad \text{für alle } y \text{ in } \Phi \end{aligned} \tag{6.16}$$

genügen, wobei $I_i(x, y)$ die Auszahlung an Spieler $i$ ist, falls Spieler 1 Strategie $x$ und Spieler 2 Strategie $y$ wählt. Das einzige Gleichgewicht beim

[6] Hätten wir es mit Serientäter zu tun, die immer wieder mit dem gleichen Partner vor derselben Entscheidung stünden, wäre es vorstellbar, daß sich kooperatives Verhalten früher oder später einstellen würde: Auch Gauner sind lernfähig. Siehe [30] für eine faszinierende Behandlung der Evolution kooperativen Verhaltens in der Gesellschaft.

Gefangenendilemma ist demnach offensichtlich

$$(x^*, y^*) = (\text{'Gestehen'}, \text{'Gestehen'}).$$

Die hieraus resultierende, gemeinsame Strafe von 9 Monaten wird den Staatsanwalt erfreuen, ist aber für die Gefangenen gewiß nicht schön. Dennoch garantieren die Gleichgewichtsstrategien beiden Spielern eine minimale Auszahlung: Egal, was der Gegner macht, es kann nicht schlimmer kommen.

| 1 \ 2 | Gestehen | Mund halten |
|---|---|---|
| Gestehen | −9 | 0 |
| Mund halten | −12 | −1 |

**Abbildung 6.20:** Äquivalente Darstellung des Gefangenendilemmaspiels unter Ausnutzung der Symmetrie, Auszahlung an Spieler 1.

Mit Hinblick auf die folgende Diskussion halten wir fest, daß das Gefangenendilemma ein *symmetrisches* Spiel ist: Beide Spieler haben dieselbe Strategienmenge (was im allgemeinen natürlich nicht immer der Fall sein muß), und es gilt ferner

$$I_1(x, y) = I_2(y, x).$$

Das Spiel ist deshalb vollständig durch die Angabe der Auszahlungen an Spieler 1, $I_1(x, y) = I(x, y)$, beschrieben , wie in Abbildung 6.20 dargestellt. Die Gleichgewichtsbedingungen (6.16) reduzieren sich auf

$$I(x^*, y^*) \geq I(x, y^*), \quad \text{für alle } x \text{ in } \Phi. \tag{6.17}$$

## 6.3.2 Evolutionsstabile Strategien

Welche Bedeutung hat nun der Begriff des spieltheoretischen Gleichgewichts in der Biologie? Tierpopulationen werden gewiß nicht bewußt versuchen, ihre 'Auszahlungen' zu optimieren. Paradoxerweise ist es die Grundannahme der Theorie, daß Individuen einer Spezies dies doch tun, aber instinktiv: Optimales Verhalten im Sinne eines nichtkooperativen Spiels stellt sich durch die natürliche Auslese ein, also durch die Evolution.

Die biologische Entsprechung der klassischen, spieltheoretischen Auszahlung wird als *Fitness* bezeichnet, womit im wesentlichen Reproduktionsfähigkeit gemeint ist. Diejenigen Tiere, die durch genetische Veränderung ihr Verhalten an das Optimum anpassen, sind am erfolgreichsten bei der Fortpflanzung. Eine Analogie zu spieltheoretischen Gleichgewichtsstrategien stellen dabei sogenannte *evolutionsstabile Strategien* oder ESS dar. Um die ESS genauer zu erklären, betrachten wir zunächst das - sehr einfache - sogenannte *Hawk-Dove*-Spiel.

Individuen einer einzigen Spezies konkurrieren miteinander um eine Ressource, z. B. um Nistplätze, Jagdreviere oder ähnliches. Sie verfügen im Zweikampf über die Strategienmenge $\Phi = \{\text{Hawk,Dove}\}$. Die 'Hawk'-Strategie heißt, kämpfen bis zur eigenen oder des Gegners ernsthaften Verletzung, während 'Dove' heißt, Präsenzzeigen, bis einer das Feld kampflos räumt. Ist $V$ der Fitness-Wert der umkämpften Ressource und $D$ der Fitness-Verlust durch Verletzung, und gibt es im Durchschnitt eine fünfzigprozentige Gewinnchance bei jedem Aufeinanderprallen von gleichen Strategien, so ergeben sich die Auszahlungen von Abbildung 6.21.

| 1 \ 2 | Hawk | Dove |
|---|---|---|
| Hawk | (V-D)/2<br>(V-D)/2 | V<br>0 |
| Dove | 0<br>V | V/2<br>V/2 |

| 1 \ 2 | Hawk | Dove |
|---|---|---|
| Hawk | (V-D)/2 | V |
| Dove | 0 | V/2 |

**Abbildung 6.21:** Das Hawk-Dove-Spiel, links als Bimatrix, rechts in der vereinfachten symmetrischen Darstellung.

Es wird aber auch zugelassen, daß die Tiere *gemischte* Strategien spielen. Dies bedeutet z. B., daß bei einem Zusammentreffen die reine Strategie 'Hawk' immer mit Wahrscheinlichkeit $x$, 'Dove' mit Wahrscheinlichkeit $1-x$ gewählt wird. Falls sich die Gesamtpopulation die gleiche gemischte Strategie $x$ angeeignet hat, ist es offensichtlich unerheblich, ob jedes einzelne Tier die gemischte Strategie spielt, oder ein Bruchteil $x$ der Population die reine Strategie 'Hawk', und der Rest die Strategie 'Dove' spielt. Dies folgt aus der Zufälligkeit des Zusammentreffens. Die gemischte Strategienmenge können wir als

$$\phi = \{x \mid 0 \leq x \leq 1\}$$

schreiben, wobei $x = 1$ der reinen Strategie 'Hawk' und $x = 0$ der reinen Strategie 'Dove' entspricht.

Nun zur Definition einer ESS. Die Grundidee ist einfach: Falls das Verhalten einer Tierpopulation evolutionsstabil ist, können keine von diesem Verhalten abweichende Mutationen Fuß fassen. Formalmathematisch:

- *Es sei $\phi$ die gemischte Strategienmenge eines Evolutionsspiels mit symmetrischer Auszahlung $I(x, y)$ und $x^*$ eine Strategie dieser Menge. Es sei ferner $y$ eine beliebige andere Strategie, also $y$ in $\phi$ aber $y \neq x^*$. Weiterhin sei die gemischte Strategie $\bar{x}$ durch*

$$\bar{x} = (1 - \epsilon)x^* + \epsilon y \tag{6.18}$$

*gegeben, wobei $\epsilon$ eine Zahl zwischen Null und eins ist. Die Strategie $x^*$ ist genau dann evolutionsstabil, falls gilt*

$$I(x^*, \bar{x}) > I(y, \bar{x}), \text{ für alle } y \neq x^* \tag{6.19}$$

*für hinreichend kleines $\epsilon$.*

In dieser Definition ist $y$ als eine Mutationsstrategie zu verstehen, die einen kleinen Bruchteil $\epsilon$ der Population 'infiziert'. Vor der Mutation herrscht die evolutionsstabile Strategie $x^*$, und in allen Konflikten ergeben sich die symmetrische Auszahlung $I(x^*, x^*)$. Nach der Infizierung spielt ein Tier entweder nach wie vor $x^*$, oder es ist eine Variante und spielt Strategie $y$. Im Schnitt werden beide mit der Strategie $\bar{x}$ der infizierten Gesamtpopulation konfrontiert. Laut Bedingung (6.19) aber ist die ESS $x^*$ der Strategie $y$ überlegen. Die mutierten Tiere sterben langsam aus, und $x^*$ stellt sich allmählich wieder ein.

Um die Verbindung zum spieltheoretischen Gleichgewicht, Gleichung (6.17), zu knüpfen, schreiben wir die ESS-Bedingungen (6.19) mit (6.18) in der äquivalenten Form:

$$(1 - \epsilon)I(x^*, x^*) + \epsilon I(x^*, y) > (1 - \epsilon)I(y, x^*) + \epsilon I(y, y). \tag{6.20}$$

Es gelte zunächst die strikte Ungleichheit:

$$I(x^*, x^*) > I(y, x^*). \tag{6.21}$$

So definieren wir $\delta$ gemäß

$$\delta = I(x^*, x^*) - I(y, x^*) > 0$$

und machen folgende Fallunterscheidung:

1. $I(x^*, y) \geq I(y, y)$. Dann gilt (6.20) ganz trivial.
2. $I(x^*, y) < I(y, y)$. Wir definieren zusätzlich $\delta_1$ durch

   $$\delta_1 = I(y, y) - I(x^*, y) > 0$$

   und schreiben mit ein wenig Algebra (6.20) als

   $$(1 - \epsilon)\delta > \epsilon\delta_1$$

   oder

   $$\epsilon < \frac{\delta}{\delta + \delta_1}.$$

   Wir brauchen also nur $\epsilon < \delta/(\delta + \delta_1)$ zu wählen, und (6.20) gilt nach wie vor.

Falls dagegen Gleichheit in (6.21) vorliegt, also $I(x^*, x^*) = I(y, x^*)$, verlangen wir zusätzlich:

$$I(x^*, y) > I(y, y), \quad \text{für alle } y \neq x^*,$$

um die Gültigkeit von (6.20) zu gewährleisten.

Zusammenfassend haben wir folgende alternative Definition einer ESS abgeleitet:

- *Es sei $\phi$ die gemischte Strategienmenge eines Evolutionsspiels mit symmetrischer Auszahlung $I(x, y)$. Die Strategie $x^*$ ist genau dann evolutionsstabil, wenn gilt*

  $$I(x^*, x^*) \geq I(y, x^*), \quad \textit{für alle } y \textit{ in } \phi, \tag{6.22}$$

  *und, falls $I(x^*, x^*) = I(y, x^*)$, außerdem*

  $$I(x^*, y) > I(y, y), \quad \textit{für alle } y \neq x^*. \tag{6.23}$$

Wir sehen sofort, daß (6.22) die Gleichgewichtsbedingung (6.17) erfüllt. Falls also $x^*$ eine ESS darstellt, ist $(x^*, x^*)$ ein symmetrisches, spieltheoretisches Gleichgewichtspaar. Die Umkehrung gilt nicht. Wegen Bedingung (6.23) ist nicht jedes symmetrische Gleichgewichtspaar notwendigerweise evolutionsstabil.

Welche Strategien sind dann evolutionsstabil beim Hawk-Dove-Spiel? Dies hängt von den Auszahlungen ab. Falls $V > D$, ist die reine 'Hawk'-Strategie ESS:

$$
\begin{aligned}
I(x^*, x^*) &= \frac{1}{2}(V - D) \\
I(y, x^*) &= \frac{1}{2}(V - D) \cdot y + 0 \cdot (1 - y) = \frac{y}{2}(V - D)
\end{aligned}
$$

oder

$$
I(x^*, x^*) > I(y, x^*), \quad \text{für alle } y < 1.
$$

Bedingung (6.22) ist als strikte Ungleichung erfüllt, und (6.23) wird nicht angesprochen. Der Fall $V = D$ führt zum selben Ergebnis (Übung 8(a)), aber wenn $V < D$, dann ist nur die gemischte Strategie $V/D$ ESS, siehe Übung 8(b): Je ernsthafter die Verletzungsgefahr, desto unwahrscheinlicher wird ein Kampf.[7]

### 6.3.3 Dynamische Evolutionsspiele

Der Gedankensprung zum dynamischen System ist leicht gemacht. Zunächst aber benötigen wir eine bessere Schreibweise, vor allen Dingen deshalb, weil wir mehr als nur zwei reine Verhaltensstrategien betrachten wollen.

Wir bezeichnen die $n$ reinen Strategien, die einer einzelnen Spezies zur Verfügung stehen, abstrakt als $n$-dimensionale Einheitsvektoren:

$$
\begin{aligned}
\underline{s}_1 &= (1, 0, \ldots, 0) \\
\underline{s}_2 &= (0, 1, \ldots, 0) \\
&\vdots \\
\underline{s}_n &= (0, 0 \ldots, 1).
\end{aligned}
$$

[7]Übrigrens ist die mittlere Auszahlung, die hierbei erzielt wird, gegeben durch $\frac{D-V}{D} \cdot \frac{V}{2}$, Übung 8(b). Falls die Gesamtpopulation sich auf die reine 'Dove'-Strategie 'einigen' würde, bekäme sie mehr, nämlich $\frac{V}{2}$. Doch genau wie beim Gefangenendilemma, wo die Rationalität das Zusammenwirken ausschließt , verbietet die Evolution ein zusammenwirkendes Tierverhalten! Siehe [31] für eine fesselnde (und erschreckende) Diskussion.

Beispielsweise beim Hawk-Dove-Spiel ist $n = 2$, 'Hawk' = $\underline{s}_1 = (1, 0)$ und 'Dove' = $\underline{s}_2 = (0, 1)$. Eine gemischte Strategie $\underline{z}$, wobei wir es so interpretieren wollen, daß der Bruchteil $z_i$ der Gesamtpopulation die reine Strategie $\underline{s}_i$ spielt, wird dann

$$\underline{z} = (z_1, z_2 \ldots z_n) = \sum_{i=1}^{n} z_i \underline{s}_i$$

geschrieben.[8] Der mittlere Fitness-Gewinn beim Aufeinanderprallen zweier beliebiger Individuen einer Population, die eine gemischte Strategie $\underline{z}$ ausspielt, ist demnach

$$I(\underline{z}, \underline{z}) = \sum_{i}^{n} z_i I(\underline{s}_i, \underline{z}) = \sum_{i}^{n} z_i \sum_{j}^{n} z_j I(\underline{s}_i, \underline{s}_j) = \sum_{ij}^{n} z_i z_j I(\underline{s}_i, \underline{s}_j). \qquad (6.24)$$

Wir betrachten nun folgendes $n-1$ - dimensionale dynamische System mit den Strategiekomponenten $z_i$ als Zustandsvariablen:

$$\begin{aligned} \dot{z}_i &= f_i(z_1, z_2 \ldots z_n), \; i = 1 \ldots n, \\ \sum_{i}^{n} z_i &= 1. \end{aligned} \qquad (6.25)$$

Die Strategien werden ständig, d. h. zeitkontinuierlich, gegeneinander ausgespielt, was zu einer dynamischen Veränderung der gemischten Strategie der Gesamtpopulation führt. Die Zeitabhängigkeit soll durch die obigen Differentialgleichungen beschrieben werden. Wir erwarten, daß die ESS auch dynamisch stabil sind.

Die Funktionen $f_i$ müssen jedoch bestimmt werden. Es sei $r_i$ der *Fitness-Vorteil* der $i$-ten reinen Strategie $\underline{s}_i$ relativ zu einer zum Zeitpunkt $t$ herrschenden, gemischten Strategie $\underline{z}$:

$$r_i = I(\underline{s}_i, \underline{z}) - I(\underline{z}, \underline{z}).$$

Da Fitness als Reproduktionsfähigkeit verstanden wird, ist die Wachstumsgeschwindigkeit des Populationsbruchteils $z_i$, der die reine Strategie $\underline{s}_i$ einsetzt, durch

$$\dot{z}_i = r_i z_i$$

[8] Diese Schreibweise ist den der in Kapitel 4 eingeführten Einheitsvektoren ähnlich, siehe S. 59.

gegeben. Wir können also Gl. (6.25) äquivalent als

$$\begin{aligned} \dot{z}_i =& (I(\underline{s}_i, \underline{z}) - I(\underline{z}, \underline{z}))z_i, \; i = 1 \ldots n, \\ &\sum_i^n z_i = 1. \end{aligned} \tag{6.26}$$

schreiben, oder mit (6.24)

$$\begin{aligned} \dot{z}_i &= \Big[\sum_j z_j I(\underline{s}_i, \underline{s}_j) - \sum_{jk} z_j z_k I(\underline{s}_j, \underline{s}_k)\Big] z_i, \; i = 1 \ldots n, \\ &\sum_i^n z_i = 1. \end{aligned} \tag{6.27}$$

Es bleibt nur noch festzustellen, daß die Randbedingung

$$\sum_{i=1}^n z_i(t) = 1$$

immer erfüllt bleibt, d. h., daß die dynamischen Gleichungen mit

$$\sum_{i=1}^n \dot{z}_i(t) = 0$$

konsistent sind. Aber dies folgt ja sofort aus der ersten Gleichung in (6.27):

$$\begin{aligned} \sum_i \dot{z}_i &= \sum_i [I(\underline{s}_i, \underline{z}) z_i] - I(\underline{z}, \underline{z}) \sum_i z_i \\ &= I(\underline{z}, \underline{z}) - I(\underline{z}, \underline{z}) = 0. \end{aligned}$$

Das Hawk-Dove-Spiel in Abbildung 6.21 als kontinuierliches dynamisches Spiel betrachtet, sieht laut (6.27) beispielsweise folgendermaßen aus:

$$\begin{aligned} \dot{z}_1 &= [z_1(V-D)/2 + z_2 V - z_1^2(V-D)/2 - z_1 z_2 V - z_2^2 V/2] z_1 \\ z_1 + z_2 &= 1. \end{aligned} \tag{6.28}$$

Das System ist wegen der zweiten Gleichung eindimensional und besitzt 3 dynamische Gleichgewichte, nämlich

$$\begin{aligned} z_1 &= 1, &&= \text{'Hawk'} \\ z_1 &= 0, &&= \text{'Dove'} \\ z_1 &= V/D, &&= \text{'gemischt'}. \end{aligned} \tag{6.29}$$

| 1 \ 2 | Scratch | Bite | Trample |
|---|---|---|---|
| Scratch | 0 | 1 | -1 |
| Bite | -1 | 0 | 1 |
| Trample | 1 | -1 | 0 |

**Abbildung 6.22:** Das Scratch-Bite-Trample-Spiel in der symmetrischen Darstellung, Auszahlungen an Spieler 1.

Wir zeigten oben, daß falls $V > D$, die Strategie 'Hawk' evolutionsstabil ist. Nun macht die ganze Diskussion wenig Sinn, wenn eine ESS nicht auch gleichzeitig asymptotisch stabil ist. Anders ausgedrückt, eine evolutionsstabile Strategie soll im kontinuierlichen dynamischen Spiel ein Attraktor sein. Wie sich leicht zeigen läßt, ist $\dot{z}_1$ in (6.28) stets positiv für $z_1 < 1$ (Übung 9): Beliebige gemischte Strategien $z_1$ streben stets gegen $z_1 = 1$. Die ESS 'Hawk' ist in der Tat dynamisch stabil.

Ganz allgemein kann man beweisen, daß in zeitkontinuierlichen dynamischen Spielen, evolutionsstabile Strategien auch dynamisch stabil sind. Die Umkehrung gilt aber nicht: Dynamisch stabile Strategien sind nicht notwendigerweise ESS.

Ein interessantes Beispiel, und auch das letzte dieses Buches, bietet das sogenannte *Scratch-Bite-Trample*-Spiel.[9] Die reinen Kampfstrategien sind 'Kratzen', 'Beißen' und 'Treten'. 'Beißen' gewinnt gegen 'Treten', 'Treten' gegen 'Kratzen' und 'Kratzen' gegen 'Beißen'. Die Auszahlungsmatrix zeigt Abbildung 6.22.

Dieses Spiel hat keine evolutionsstabilen Strategien, wie im folgenden bewiesen wird:

Aus Abbildung 6.22 folgt (Übung 10)

$$I(\underline{x}, \underline{y}) = (y_1 - y_2) - (x_1 - x_2) + 3x_1y_2 - 3x_2y_1. \tag{6.30}$$

[9] Im wesentlichen das uns allen wohlbekannte Kinderspiel Stein-Schere-Papier. Das etwas düstere, chinesische Äquivalent lautet Mensch-Huhn-Wurm.

Die Strategie $\underline{x}^*$ sei evolutionsstabil. Aus (6.30) erhalten wir:

$$I(\underline{x}^*, \underline{x}^*) = 0.$$

Wir betrachten nun die gemischte Strategie

$$\underline{y} = (1/3, 1/3, 1/3)$$

```
program sbt;
{ Das dynamische Evolutionsspiel 'Scratch-Bite-Trample' }
uses graph,dsolve;
{}
const    I11 =  0;    I12 =  1;    I13 = -1;
         I21 = -1;    I22 =  0;    I23 =  1;
         I31 =  1;    I32 = -1;    I33 =  0;
{}
type TessModel = object(Tsimulation)
       procedure equations(t: real; z: array4;
       var dzdt: array4); virtual;
       procedure draw; virtual;
     end;
{}
procedure TessModel.equations;
begin
  z[3]:= 1-z[1]-z[2];
  dzdt[1]:= (z[1]*I11+z[2]*I12+z[3]*I13
            -z[1]*(z[1]*I11+z[2]*I21+z[3]*I31)
            -z[2]*(z[1]*I12+z[2]*I22+z[3]*I32)
            -z[3]*(z[1]*I13+z[2]*I23+z[3]*I33))*z[1];
  dzdt[2]:= (z[1]*I21+z[2]*I22+z[3]*I23
            -z[1]*(z[1]*I11+z[2]*I21+z[3]*I31)
            -z[2]*(z[1]*I12+z[2]*I22+z[3]*I32)
            -z[3]*(z[1]*I13+z[2]*I23+z[3]*I33))*z[2];
end;
{}
procedure TessModel.draw;
begin
   drawLine(0,1,1,0,red)
end;
{}
var essModel: TessModel;
{}
begin
   with essModel do begin
      initialize(0,1,0,1,100,2,1,'S-B-T');
      go;
   end
end.
```

**Listing 6.5** Ein Simulationsprogramm für das Scratch-Bite-Trample-Spiel, Abbildung 6.22.

und nehmen zunächst an, $\underline{x}^* \neq \underline{y}$. Aber wiederum wegen (6.30) gilt

$$I(\underline{y}, \underline{x}^*) = 0,$$

also wird Bedingung (6.22) als Gleichheit erfüllt, und wir brauchen zusätzlich (6.23). Aber die strikte Ungleichung (6.23) kann, abermals wegen (6.30), nicht erfüllt sein. Es bleibt nur noch der Fall $\underline{x}^* = (1/3, 1/3, 1/3)$ selbst zu betrachten. Diese Strategie ist aber auch nicht ESS da nun

$$I(\underline{x}^*, \underline{x}^*) = I(\underline{x}^*, \underline{y}) = I(\underline{y}, \underline{y}) = 0 \quad \text{für alle } y.$$

Also gibt es gar keine ESS.

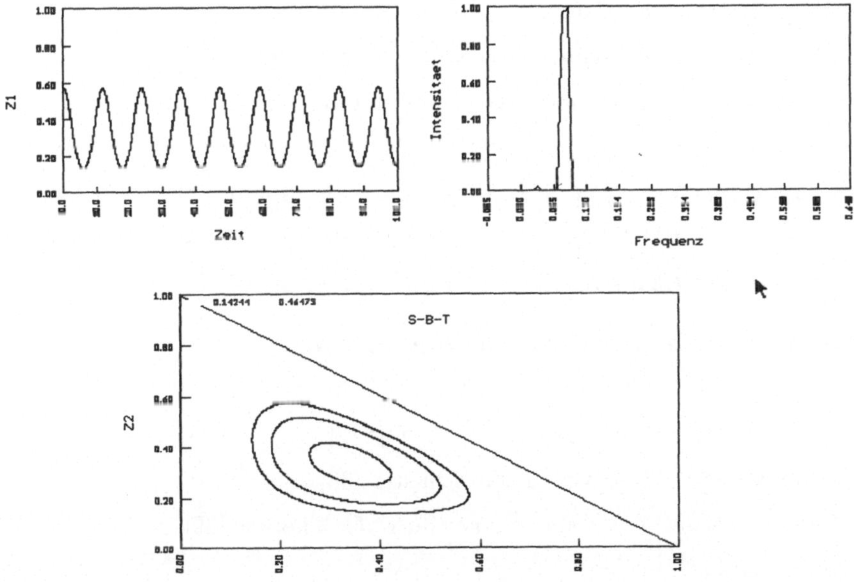


**Abbildung 6.23:** Simulation des dynamischen Evolutionsspiels von Abbildung 6.22. Die mit der draw-Methode erzeugte, diagonale Linie grenzt den physikalischen Bereich $z_1 + z_2 \leq 1$ ein.

Das entsprechende dynamische Evolutionsspiel ist in Listing 6.5 programmiert. Eine Untersuchung des Zustandsraums, Abbildung 6.23, zeigt, daß es keine asymptotisch stabilen Fixpunkte gibt. Das Gleichgewicht $z_1 = z_2 = 1/3$ ist aber offensichtlich neutral stabil.

## 6.4 Weiterführende Literatur

Die Literatur zum Thema nichtlineare Dynamik ist umfangreich. Hier nur eine sehr persönliche und unvollständige Auswahl:

**Nichtmathematisch**

*Spielt Gott Roulette?* von I. Stewart [11].

*Chaos - die Ordnung des Universums* von J. Gleick [32].

*Zufall und Chaos* von D. Ruelle [33].

**Etwa auf dem Niveau dieses Buches**

*Modellbildung und Simulation* von H. Bossel [2].

*Mathematics for Dynamic Modelling* von E. Beltrami [4].

*Wachstum, Rückkopplung und Chaos* von W. Seifritz [34].

*Dynamische Systeme und Fraktale* von K.-H. Becker und M. Dörfler [18]

*Chaotic Dynamics* von G. L. Baker und J. P. Gollub [16].

*Discrete Dynamical Systems* von J. T. Sandefuhr [35].

*Fraktale und Chaos* von H. Zeitler und W. Neidhardt [36]

**Mathematisch aber durchaus zugänglich**

*Chaos* von A. A. Tsonis [37].

*Chaos in Dynamical Systems* von E. Ott [3].

*Deterministic Chaos* von H. G. Schuster [38].

*Games, Theory and Applications* von L. C. Thomas [39].

**Anspruchsvoller**

*Mathematik der Selbstorganisation* von G. Jetschke [12].

*An Introduction to Chaotic Dynamical Systems* von R. L. Devaney [40].

*Nonlinear Dynamics and Chaos* von J. Thompson und H. Stewart [5].

## 6.5 Übungen zum sechsten Kapitel

1. Die Determinante einer $3 \times 3$ Matrix wurde in Gl. (4.28) definiert.

   (a) Bestimmen Sie die Eigenwerte der Jacobischen Matrix des Lorenzsystems bei $\underline{Z}^{(1)} = \underline{0}$:

   $$\mathbf{J} = \begin{pmatrix} -10 & 10 & 0 \\ r & -1 & 0 \\ 0 & 0 & -8/3 \end{pmatrix}.$$

   Das Ergebnis (auf Seite 114) zeigt eigentlich nur, daß der Gleichgewichtspunkt $\underline{Z} = \underline{0}$ *lokal asymptotisch stabil* ist.

   (b) Es sei $V(\underline{Z})$ eine Skalarfunktion im Zustandsraum eines dynamischen Systems, mit den Eigenschaften

   $V(\underline{0}) = 0$,
   $V(\underline{Z}) > 0, \quad \underline{Z} \neq \underline{0}$, und
   $\frac{d}{dt}V(\underline{Z}(t)) < 0$ entlang sämtlicher Bahnen des dynamischen Systems.

   Dann ist $V$ eine *Liapunovfunktion* für das System (siehe z. B. [4], Kapitel 3). Ihre Existenz garantiert, daß der Punkt $\underline{Z} = \underline{0}$ *global asymptotisch stabil* ist. Zeigen Sie, daß

   $$V(\underline{Z}) = Z_1^2 + \sigma(Z_2^2 + Z_3^2)$$

   eine Liapunovfunktion für das Lorenzsystem ist, falls der Systemparameter $r < 1$ ist.

   (c) Nach dem sogenannten Hurwitz-Kriterium haben die drei Eigenwerte einer $3 \times 3$-Matrix mit der charakteristischen Gleichung

   $$\lambda^3 + a_1\lambda^2 + a_2\lambda + a_3 = 0,$$

   negative Realteile genau dann, wenn

   $$a_1 > 0, \quad a_1 a_2 - a_3 > 0, \quad a_3 > 0.$$

   Bringen Sie die charakteristische Gleichung der Jacobi-Matrix auf Seite 115 in diese Form und leiten Sie daraus den kritischen Wert

   $$r_c = \sigma \cdot \frac{\sigma + b + 3}{\sigma - b - 1}$$

   für den Übergang zum chaotischen Lorenz-Attraktor ab.

2. Zeigen Sie für das (unvollständige) Zirkulationsmodell
$$\begin{aligned}\dot{Z}_1 &= -aZ_1 - Z_2^2 - Z_3^2 + F\\ \dot{Z}_2 &= -Z_2 + G\\ \dot{Z}_3 &= -Z_3,\end{aligned}$$
daß ein asymptotisch stabiler Gleichgewichtspunkt bei
$$Z_1 = F/a - G^2/a, \quad Z_2 = G, \quad Z_3 = 0$$
liegt.

3. Führen Sie eine numerische Bestimmung der drei Liapunovexponenten des globalen Zirkulationsmodells (6.6) mit $F = 2$ in der **dsolve**-Umgebung durch, um zu zeigen, daß die Dimension des chaotischen Attraktors bei ungefähr 2.4 liegt.

4. Zeigen Sie, daß der Vektor
$$\underline{Z}^0 = \begin{pmatrix} Z_a^0 \\ Z_b^0 \\ Z_m^0 \\ Z_d^0 \end{pmatrix} = Z_a^0 \begin{pmatrix} 1 \\ \frac{a_{ab}}{a_{ba}} \\ \frac{a_{am}}{a_{ma}} \\ \frac{a_{am}a_{md}}{a_{ma}a_{dm}} \end{pmatrix}, \quad Z_a^0 \text{ willkürlich}$$
einem nichttrivialen Gleichgewicht des Systems (6.7) mit $e(t) = 0$ entspricht.

5. Für eine Population mit der Zeitabhängigkeit $Z(t)$ ist die mittlere Lebenserwartung durch
$$\frac{\int_0^\infty t \cdot Z(t)dt}{\int_0^\infty Z(t)dt}$$
gegeben. Zeigen Sie, daß die mittlere Lebenserwartung einer exponentiell aussterbenden Population, $Z(t) = Z_0 e^{-mt}$, gleich $1/m$ ist.

6. Zeigen Sie, daß die Gleichgewichtspunkte des Systems (6.13) durch
$$Z_S = 1, \quad Z_E = 0, \quad Z_I = 0$$
und
$$\begin{aligned} Z_S &= \frac{(m+g)(m+a)}{ab},\\ Z_E &= \frac{m(ab-(m+g)(m+a))}{ab(m+a)},\\ Z_I &= \frac{m(ab-(m+g)(m+a))}{b(m+g)(m+a)}\end{aligned}$$

gegeben sind, und ferner, daß das erste Gleichgewicht für Parameterwerte $1/m = 100$, $1/a = 0.1$, $1/g = 0.01$ und $b = 100$ instabil, das zweite aber stabil ist.

7. Ein Windpocken-Parametersatz für das SEIR-Modell lautet [27]:

$$m = 0,02, \quad a = 36, \quad g = 34,3, \quad b_0 = 308,7.$$

Untersuchen Sie das System mit **dsolve** für verschiedene $b_1$-Werte, und vergleichen Sie das qualitative Verhalten mit Abb. 6.13.

8. Zeigen Sie, daß das Hawk-Dove-Spiel in Abbildung 6.21 folgende evolutionsstabile Strategien besitzt:

   (a) $x^* = 1$, also reine 'Hawk', falls $V = D$.

   (b) $x^* = V/D$, also 'Hawk' mit Wahrscheinlichkeit $V/D$ und 'Dove' mit Wahrscheinlichkeit $1 - V/D$, falls $V < D$. Begründen Sie, daß (Hawk,Dove) bzw. (Dove,Hawk) ein spieltheoretisches Gleichgewicht, aber nicht ESS ist.

9. Zeigen Sie, daß in Gl. (6.28) $\dot{z}_1 > 0$, falls $V > D$ und $z_1 < 1$.

10. Bestätigen Sie, daß Gleichung (6.30) der Spielmatrix in Abbildung 6.23 entspricht.

11. Die modifizierte Scratch-Bite-Trample-Spiel mit Fitness-Matrix

$$\begin{pmatrix} h & 1 & -1 \\ -1 & h & 1 \\ 1 & -1 & h \end{pmatrix},$$

$h < 0$, besitzt eine ESS $\underline{x}^* = (1/3, 1/3, 1/3)$. Bestätigen Sie dies, und untersuchen Sie das entsprechende dynamische Spiel in der **dsolve**-Umgebung.

12. Zuallerletzt für den Leser, der immer noch nicht genug hat, einige interessante Systeme [5, 41], die sich mit **dsolve** gut untersuchen lassen:

   (a) *Van der Pol Schwinger*: Mit $k = m = 1$ und $c = x^2 - 1$ in (4.5) erhalten wir die Gleichung eines Oszillators mit quadratischer Dämpfung:

$$\ddot{x} + (x^2 - 1)\dot{x} + x = 0,$$

die mit $x \to Z_1$, $\dot{x} \to Z_2$, dem zweidimensionalen System

$$\begin{aligned}\dot{Z}_1 &= Z_2\\ \dot{Z}_2 &= -Z_1 + (1 - Z_1^2)Z_2\end{aligned} \tag{6.31}$$

äquivalent ist und einen asymptotisch stabilen Grenzzyklus aufweist.

(b) *Die Blue-Sky-Katastrophe*: Das Gl. (6.31) ähnliche System

$$\begin{aligned}\dot{Z}_1 &= -Z_2 + c\\ \dot{Z}_2 &= 0,7Z_1 + 10(0,1 - Z_1^2)Z_2\end{aligned} \tag{6.32}$$

besitzt für $c < 0,12$ einen stabilen Grenzzyklus sowie einen Sattelpunkt. Etwa bei $c = 0,12$ kollidieren sie im Zustandsraum und der Grenzzykus 'vanishes into the blue sky'.

(c) *Der Birkhoff-Shaw-Attraktor*: Wiederum durch eine kleine Änderung von (6.32) ergibt sich das nichtautonome - und daher eigentlich dreidimensionale - System

$$\begin{aligned}\dot{Z}_1 &= -Z_2 + 0,25\sin(1,57t)\\ \dot{Z}_2 &= 0,7Z_1 + 10(0,1 - Z_1^2)Z_2,\end{aligned} \tag{6.33}$$

das einen seltsamen Attraktor besitzt.

(d) *Hyper-Rössler*: Um in die vierte Dimension einzupreschen, erweiterte Rössler sein System (5.22) um eine Zustandsvariable:

$$\begin{aligned}\dot{Z}_1 &= -Z_2 - Z_3\\ \dot{Z}_2 &= Z_1 + aZ_2 + Z_4\\ \dot{Z}_3 &= b + Z_1 Z_3\\ \dot{Z}_4 &= -cZ_3 + dZ_4\end{aligned} \tag{6.34}$$

(und ging dabei nach wie vor sehr sparsam mit Nichtlinearitäten um.) Mit $a = 0,25$, $b = 3$, $c = -0,5$, $d = 0,05$ sowie

```
initialize(-150,50,0,80,200,4,4,'Hyper-Roessler');
setStartValues(-20,0,0,15);
liapunov(1)
```

präsentiert Ihnen **dsolve** die zweidimensionale Projektion eines aus dem vierdimensionalen Zustandsraum herauskristallisierten, circa 3,007 - dimensionalen seltsamen Attraktors!

# Anhang: Turbo Pascal Units

## Die Unit XYPLOTS

Der Interface-Teil der Unit ist in Listing A.1, **xyplots.pas** aufgelistet, während der Ausführungsteil sich in der Datei **xyplots.inc** befindet. Die Unit wird mit der Anweisung

```
uses xyplots;
```

in ein Hauptprogramm eingebunden und erlaubt die Erzeugung einfacher zweidimensionaler XY-Graphiken.

Die Unit **xyPlots**, wie alle anderen hier verwendeten Programme, ist objektorientiert geschrieben. Ein Plotbereich wird einem Objekt vom Typ **TxyPlot** zugeordnet, dessen Methoden die Darstellung des Bereichs am Bildschirm und die Ausgabe der Daten innerhalb dieses Bereichs als Punkte, Linien, Kreise oder Text erlauben. Die Kommentarzeilen der Listing A.1 beschreiben die einzelnen Methoden ausführlich.

Die Methoden **mouse_prompt** und **mouse_pressed** erlauben nach Bedarf eine Plotobjekt-bezogene Dateneingabe mittels Mauskursor. Für den hierzu notwendigen Dialog mit dem Maustreiber sorgt die hinzugelinkte Unit **xymouse**. Diese Unit befindet sich in den Dateien **xymouse.pas** bzw. **xymouse.inc**. Es handelt sich um eine leicht umgewandelte Version eines Utility-Programms in [42] und wird hier nicht weiter beschrieben. Die exportierte Funktion **graphics** führt die üblichen Turbo Pascal Vorschriften zur Initialisierung der Farbgraphik durch.

```
unit xyPlots;
{  Objektorientierte Umgebung fuer die Erzeugung von
   zweidimensionalen XY-Plots.  Turbo Pascal 7.0. M. Canty, 1994 }
INTERFACE
uses graph,xymouse;
type TxyPlot = object
       aMouse: Tmouse;
       PltCrd: ViewPortType;
       fgCol,bgCol,prec: byte;
       xOld,yOld: integer;
       ix,iy: word;
       LnCol,LnSty,LnWid: word;
       xMin,yMax,RatioX,RatioY: real;
{}
       procedure Show(xl,xr,yu,yl: integer; s: string);
{ Erzeugt ein XY-Plot am Bildschirm
   xl,xr: linke bzw. rechte Ausdehnung
          in Prozent der Bildschirmflaeche
   yu,yl: ditto fuer die obere bzw. unter Ausdehnung
       s: Titel des Plots
}
       procedure xScale(min,max,inc: real; t: string);
       procedure yScale(min,max,inc: real; t: string);
{ Erzeugt die Einteilung und Beschriftung der X- bzw. Y-Achse
   min,max: Beginn bzw. Ende des Plotbereichs
   inc:     Abstand zwischen Achsenmarkierungen
   t:       Achsenbeschriftung
}
       procedure Clear;
{ Loescht den Inhalt des Plots, nicht aber die Achsen
}
       procedure Delete;
{ Loescht den gesamten Plot
}
       procedure LineDesign(col_,sty_,wid_: word);
{ Zu verwendene Farbe, Stil und Breite der Liniengraphiken
}
       procedure pPoint(x,y: real; color: word);
       procedure pbPoint(x,y: real; color: word);
{ Setzt einen bzw. vier Pixel der Farbe 'color' an Koordinaten (x,y)
}
       procedure pCircle(x,y: real; rad: word);
{ Erzeugt einen Kreis mit Durchmesser 'rad'
  an  Koordinaten (x,y)
}
       procedure MoveP(x,y: real);
{ Setzt den Graphikkursor
}
       procedure pLineTo(x,y: real);
{ Erzeugt eine Gerade von der augenblicklichen
  Kursorposition nach (x,y)
}
       procedure pLine(x1,y1,x2,y2: real);
{ Erzeugt eine Gerade von (x1,y1) nach (x2,y2)
```

```
}
      procedure pLabel(x,y: real; s: string;
                              col,dir: word);
{ Erzeugt Text an den Koordinaten (x,y)
   s: Textstring
   col: Textfarbe
   dir: Ausrichtung des Textes (waagerecht oder senkrecht)
}
      function  xScreen(x: real): integer;
      function  yScreen(y: real): integer;
{ Uebersetzen absolute Koordinaten in Bildschirmkoordinaten
}
      procedure mouse_prompt(var x,y: real;
                              var inside: boolean);
{ Zeigt Mauskursor und wartet auf eine Betaetigung des Knopfes
   x,y:     Kursorkoordinaten zum Zeitpunkt der Betaetigung
   inside: 'true' falls Kursor innerhalb des Plots, sonst 'false'
}
      function  mouse_pressed: boolean;
{ Liefert 'true', falls der Mausknopf gerdrueckt wurde, sonst 'false'
}
    end;
procedure graphics;
IMPLEMENTATION
   {$I xyPlots.inc}
BEGIN
  if RegisterBGIDriver(@egavga_driver)<0 then begin
     Writeln('Fehler beim Registrieren des ',
            'Graphiktreibers: ',GraphErrorMsg(GraphResult)); halt(1)
  end;
  if RegisterBGIFont(@small_fonts)<0 then begin
     Writeln('Fehler beim Registrieren der Vektorschrift: ',
          GraphErrorMsg(GraphResult)); halt(1)
  end;
END.
```

**Listing A.1** Interface der Unit **xyPlots**.

# Die Unit SIMULA

Listing A.2 zeigt den Interface-Teil **simula.pas** der Unit **simula**, die die Erstellung prozeßorientierter Simulationsprogramme, wie im zweiten Kapitel beschrieben, ermöglicht. Der Ausführungsteil ist als **simula.inc** auf der Diskette zu finden. Die Unit wird mit der Anweisung

```
uses simula;
```

in ein Hauptprogramm eingebunden und stellt eine SIMULA-67-Emulation zur Verfügung, die im folgenden kurz erklärt wird:

Die Stackkonventionen von Turbo Pascal werden mittels einer dem Benutzer nicht zugänglichen Routine **newProcess** umgangen, womit zusätzliche Stacks im Heapbereich erzeugt und mit parameterlosen Prozeduren verknüpft werden. Diese Prozeduren spielen dann die Rolle von Koroutinen, die, mit Prozessobjekten assoziiert, das Verhalten der Prozessobjekte bestimmen. Mehrere Prozess-Stacks können einer einzigen Koroutine zugeordnet werden, entsprechend mehrerer *Inkarnationen* ein und desselben Prozesses. Die Prozeduren müssen deswegen ohne Übergabeparameter definiert werden, damit die in Assembler programmierte und ebenfalls nicht zugängliche Prozedur **transfer** (eine Modifizierung eines in [43] beschriebenen Programms) bei der Hin- und Herschaltung zwischen Koroutinen eine wohldefinierte Manipulation des Stacksegement- und Stackzeigerregisters durchführen kann.

Die Organisierung der Prozeßschlange (Engl. *event scheduling*) wird wiederum nur intern von einer Routine namens **update** erledigt, die eine Liste der vorgemerkten Prozesse verwaltet. Die interne Prozedur **scheduler**, in einer unendlichen Schleife, ruft **update** auf, um die Zeitachse neu zu ordnen, und gibt dann mittels **transfer** Kontrolle ab an die Koroutine des erstvorgemerkten Prozesses. Die exportierten und für den Benutzer relevanten Funktionen und Prozeduren (Methoden) eines Prozeßobjektes sind im Programm A.2 gelistet und kommentiert. Das Beispielprogramm 2.1 im zweiten Kapitel zeigt eine einfache Verwendung der Unit.

---

```
unit simula;                 { SIMULA Emulation in Turbo Pascal 7.0 }
{$S-}                        { M. Canty, 1994                       }
INTERFACE
uses crt,graph;
type ProcessPointer = pointer;
     keywordType = (at,prior);
     coroutineType = procedure;
{}
     process = ^Tprocess;     { Das Prozessobjekt }
     Tprocess= object
{
  ---------------- Attribute ----------------------
}
        pr: ProcessPointer;
        stackbase,
        stacksize: longint;
        stacktopptr: pointer;
        id: string;
{
  ---------------- Methoden -----------------------
}
        constructor INIT(ident: string;
                 coroutine: coroutineType; size: longint);
{  Vergibt ein Kennzeichen 'ident' an den Prozess,
```

```
    verknuepft den Prozess mit der Koroutine 'coroutine'
    und richtet einen Stack von der Groesse 'size' ein
}
        destructor  DONE; virtual;
{   Gibt den Prozess-Stack wieder frei
}
        function    GETID: string;
{   Liefert das mit INIT erstellte Prozess-Kennzeichen
}
        function    EVTIME: real;
{   Liefert die Planzeit des Prozesses, falls aktiv
    oder vorgemerkt, sonst -1
}
        function    IDLE: boolean;
{   Liefert TRUE, wenn der Prozess passiv ist, sonst FALSE
}
        procedure   ACTIVATE;
{   Der Prozess wird an den Anfang der Schlange gesetzt
    und uebernimmt Kontrolle
}
        procedure   PASSIVATE;
{   Der Prozess wird aus der Schlange entfernt
}
        procedure   REACTIVATE(keyword: keywordType; t: real);
{   Der Prozess wird hinter den letztvorgemerkten Prozess
    mit  Planzeit <= t (keyword = at) oder Planzeit < t
    (keyword = prior) eingeordnet
}
        procedure HOLD(t: real);
{   Entspricht REACTIVATE(at,TIME + t)
}
      end;
{}
const sim_trace: boolean = false;
      sim_graph: boolean = false;
      sim_toggle:boolean = false;
{}
function CURRENT: process;
{ Liefert einen Zeiger auf den aktiven Prozess
}
function TIME: real;
{ Liefert die aktuelle Simulationszeit, d.h. CURRENT^.EVTIME
}
IMPLEMENTATION
{$I simula.inc}
BEGIN
   clrscr;
   cpp:= nil;
   New(Queue);          { Initialisierung der Prozessschlange }
   Queue^.time:= 1000000;
   Queue^.proc:= nil;
   Queue^.pred:= nil;
   Queue^.next:= nil;
   QueueEnd:= Queue;
END.
```

**Listing A.2** Interface der Unit **simula**.

# Die Unit BIESTER

Der Interface-Teil der Unit **biester** ist in Listing A.3 gegeben. Listing A.4 zeigt außerdem aus dem Ausführungsteil der Unit die jedem Biest zugeordnete Koroutine. Der restliche Ausführungsteil ist als **biester.inc** auf der Diskette zu finden. Die Unit wird mit der Anweisung

```
uses biester;
```

in ein Hauptprogramm eingebunden. Der hiermit zur Verfügung gestellte, abstrakte Objekttyp **Tbiest** dient als Basis für die Simulation einer primitiven Tierwelt, wie z. B. beim Programm **rbsim.pas** von Kapitel 2.

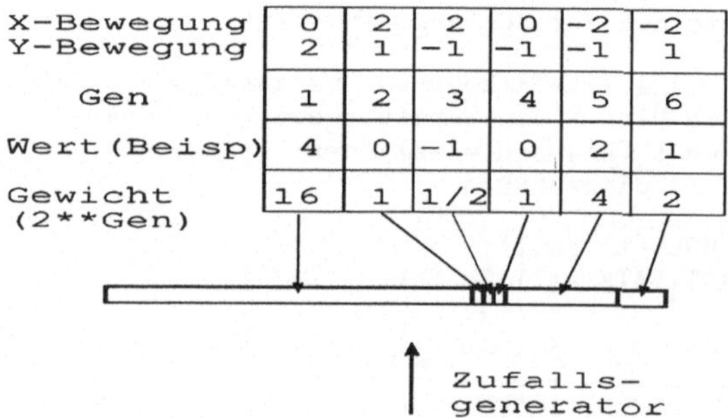


**Abbildung A.1:** Bewegungssteuerung der Biester.

Die Koroutine (Listing A.4) bestimmt das Grundverhalten eines Biests. Sie besteht im wesentlichen aus einer unendlichen Schleife, worin zunächst mittels Methode **turn** und Arrays **xmove** und **ymove** der nächste Bewegungsablauf errechnet wird. Die Fitness des Biests wird dann reduziert und, falls kleiner oder gleich Null, die Methode **die** (stirb) aufgerufen. Diese ruft wiederum die vererbte Methode **passivate** auf, die ihrerseits den den Biest darstellenden Prozeß aus der Schlange entfernt. Sonst wird gegessen und, sobald das Biest fit genug ist, für Nachwuchs gesorgt (Methode **divide**). Mit **hold(...)** wird schließlich die Kontrolle vorübergehend abgegeben, wobei je fitter das Biest, desto früher meldet es sich zurück, d. h. desto schneller bewegt es sich auf dem Bildschirm. Das Bewegungsmechanismus wird, wie in Abbildung A.1 verdeutlicht, vom Array **gene** gesteuert, eine aus [44] übernommene Idee.

```
unit biester;     { Simulation eines zappeligen Tierchens }
{$S-}             { Tubo Pascal 7.0.  M. Canty, 1994 }
INTERFACE
uses graph,simula;
{}
const xmove : array[0..5] of integer = (0,2,2,0,-2,-2);
      ymove : array[0..5] of integer = (2,1,-1,-2,-1,1);
type  shape_type = array[0..2] of pointer;
{}
      biest = ^Tbiest;                    { Der Biest-Prozess }
      Tbiest = object(Tprocess)
{ Attribute ------------------------------------------------- }
       fitness,                      { Reproduktionsfaehigkeit }
       direction,                    { Bewegungsrichtung       }
       x,y: integer;                 { Momentane Postition     }
       shape: shape_type;            { Darstellungsform        }
       color: word;                  { Hautfarbe               }
       gene: array[1..6] of integer;{ Erbgut                  }
       p: array[0..5] of single;
       mutating: boolean;
{ Methoden -------------------------------------------------- }
       procedure HIDE;
{   Loescht das Biest vom Bildschirm
}
       function  TURN: integer;
{   Errechnet die naechste Richtungsaenderung
}
       procedure NEWGENES;
{   Muss nach jeder genetischen Veraenderung
    des Biests aufgerufen werden
}
       procedure ATTRIBUTES(c:word;m:integer;mutate:boolean);
{   Initializiert ein Biest mit Farbe 'c', erstem Gen 'm' und
    Mutationsfaehigkeit 'mutate'
}
       procedure SHOW; virtual;
{   Zeigt das Biest am Bildschirm, kann ueberschrieben werden
}
       procedure EAT; virtual;
{   Ernaehrt das Biest, kann ueberschrieben werden
}
       procedure DIVIDE; virtual;
{   Erzeugt Baby-Biester, muss ueberschrieben werden
}
       procedure DIE; virtual;
{   Das Schicksal aller Sterblichen }
    end;
procedure biest_coroutine;
IMPLEMENTATION
{$I biester.inc}
END.
```

**Listing A.3** Interface der Unit **biester**.

```
{$F+}procedure biest_coroutine;{$F-}
var curr: process;
    i,xrange,yrange: integer;
    thisbiest: biest absolute curr;
begin
   curr:= current;
   xrange:=GetMaxX div 2 - 5;
   yrange:=GetMaxY div 2 - 5;
   while true do with thisbiest^ do begin
      hide;
      direction:= (direction + turn) mod 6;
      x := x + xmove[direction];
      if x>xrange then x:= 3 else if x<3 then x:= xrange;
      y := y + ymove[direction];
      if y>yrange then y:= 3 else if y<3 then y:= yrange;
      fitness:= fitness-2;
      if fitness <= 0 then die
      else begin
         eat;
         show;
         if fitness>1450 then divide;
         hold(1500/(fitness+500));
      end
   end
end;
```

**Listing A.4** Die Biest-Koroutine.

# Die Unit DSOLVE

Listing A.5 zeigt den Interface-Teil der Unit **dsolve**. Der Ausführungsteil ist auf der beiliegenden Diskette als **dsolve.inc** zu finden. Mit der Anweisung

```
uses dsolve;
```

wird die Unit in ein Hauptprogramm eingebunden. Ist ein Nachfahr des Objekttyps **Tsimulation** im Hauptprogramm definiert (z.B. **Tcompetion-Model** in Listing 3.1), so wird dieses Objekt mit einer Variablendeklaration, wie z. B.

```
var competitionModel: TcompetitionModel;
```

als Inkarnation realisiert. Alle Objekte, die vom Typ **Tsimulation** abstammen, reagieren auf die Botschaften **initialize**, **go**, **setStartValues**, **liapunov** und **poincare**.

Die Methode **initialize** ist in Listing A.5 hinreichend erklärt. Mit der Botschaft **go** wird eine Simulationsumgebung aufgerufen, die modellspezifisch auf Benutzereingaben reagiert. Die Verantwortung des Benutzers ist es im wesentlichen, im Hauptprogramm die modellspezifischen Differentialgleichungen in der virtuellen Methode **equations** zu deklarieren und zu programmieren. Zusätzlich werden die Systemparameter als globale Konstanten vereinbart.

Einmal aufgerufen, erwartet die Umgebung Eingabe mit der Maus, zunächst nur innerhalb des im unteren Bildschirmbereich als zweidimensional dargestellten Zustandsraums. Höhere Dimensionen werden einfach auf diese Fläche projektiert. Ein Mausklick leitet das Runge - Kutta - Integrationsverfahren ein, und soweit **setStartValues** nicht aufgerufen wurde, wird die Lösung des in **equations** programmierten Gleichungssystems, ausgehend von der Mausposition, als eine Bahn im Zustandsraum dargestellt. Ein zweiter Mausklick stoppt die Rechnung und die Koordinaten des Endpunktes werden angezeigt. Neue Bahnen können danach generiert werden. Ein Klick außerhalb des Zustandsraums löscht die bisher erzeugten Informationen. Ein zweiter Klick außerhalb beendet die Methode.

Gleichzeitig mit der Darstellung einer Bahn wird am Schirm oben links die aktuelle Zeitabängigkeit der mit **initialize** ausgewählten Zustandsvariablen **vi** geplottet. Dieser Plot löscht sich automatisch bei jedem neuen Versuch, eine Bahn zu erzeugen. Läßt man die Rechnung sich bis zur - ebenfalls mit **initialize** - vorgegebenen Simulationszeit erstrecken, so wird automatisch die Fast-Fourier-Routine getriggert, und oben rechts am Bildschirm ein Frequenzspektrum der ausgewählten Zustandsvariable angezeigt. Nun erscheint der Mauskusor in diesem Plotbereich und kann verwendet werden, um das Spektrum genauer zu untersuchen. Die ersten beiden Mausklicks, soweit sie innerhalb des Frequenzplots geschehen, werden als Anfang und Ende eines zu vergrößernden Frequenzbereichs verstanden. Ein drittes Klicken stellt diesen Bereich auch dar. Falls der Endpunkt kleiner gewählt wurde als der Anfangspunkt, wird das gesamte Frequenzspektrum wieder angezeigt. Sobald die Maus außerhalb des Frequenzplots betätigt wird, kehrt man zum Zustandsraum zurück. Das Frequenzspektrum wird gelöscht.

Genaue Anfangsbedingungen können mit **setStartValues** eingegeben werden, wobei die Mausposition später einfach ignoriert wird. Falls die Dimension des Systems kleiner 4 ist, werden die entspechenden Parameter von **setStartValues** ebenfalls ignoriert.

Durch Überschreiben der virtuellen Platzhalter-Methode **draw** lassen sich Hilfslinien, wie z. B. Isoklinen, im Zustandsraum darstellen. Draw wird automatisch aufgerufen innerhalb **dsolve**. Diese Vorgehensweise garantiert, daß die Hilfslinien nach Löschung des Zustandsraums wieder korrekt hergestellt werden. Hierzu ist auch die Methode **drawLine** von Nutzen, die Geradensegmente im Zustandsraum erzeugt. Siehe z. B. Listing 3.1.

Die Unit **dsolve** ist auch mit einem Algorithmus zur numerischen Bestimmung der Liapunovexponenten eines autonomen Differentialgleichungssystems ausgestattet. Ein $n$-dimensionales Volumen wird entlang einer Bahn integriert, um aus der Dehnung bzw. Zusammenziehung seiner Hauptachsen die Exponenten zu berechnen. Das Algorithmus wurde [45], S. 80, entnommen. Die entsprechende Methode wird mit der Botschaft **liapunov(tau)** aufgerufen, wobei **tau** in etwa einem größeren Bruchteil der 'natürlichen Periode' des Attraktors entspricht. Die laufende Berechnung der Exponenten wird angezeigt und kann mit einem Mausklick an einer beliebigen Stelle unterbrochen werden. Es ist folgendes zu beachten:

1. **liapunov** funktioniert nur für *autonome* Systeme, wie z. B. das Lorenz-System, das Zirkulationsmodell ohne Jahreszeiten, Räuber-Beute-Modelle usw.

2. **liapunov** greift auf die Methode **jacobian** zu, für die nur ein virtueller Platzhalter in **dsolve** vorhanden ist. Diese Methode muß also mit der Jakobischen Matrix des aktuellen Systems überschrieben werden, falls **liapunov** aufgerufen wird, siehe z. B. Listing 5.2.

3. *Alle* ausgedehnten Attraktoren (periodisch oder chaotisch) besitzen mindestens einen Liapunov-Exponenten, der genau gleich Null ist. Also falls ein Exponent bei Null eingependelt ist, kann man die Kalkulation als beendet betrachten. Die von **dsolve** dargestellte Konvergenzgraphik soll hierbei helfen.

4. Die Qualität und Konvergenzgeschwindigkeit der Berechnung hängt empfindlich von der **tau**-Wahl ab. Experimentieren ist hier angebracht.

Die Methode **poincare** dient dazu, eine einfache Poincaré - Abbildung, d. h. einen zweidimensionalen Querschnitt des Zustandsraumes darzustellen. Die Botschaft **poincare(z1mn,z1mx,zmn,zmx,zz)** wird an das

Simulationsobjekt gesendet, um eine Querschnittsebene senkrecht zu der in **initialize** definierten Richtung **vi** und in der Höhe **zz** zu erzeugen. Nur **vi** = 2 oder 3 und Systemdimension **n** = 3 sind erlaubt. Alle Durchquerungen dieser Ebene werden als Punkte dargestellt. **poincare** soll nach einem Aufruf von **setStartValues** bzw. **go** verwendet werden und wird mit einem Mausklick an einer beliebeigen Stelle gestoppt.

Ansonsten ist die Reihenfolge der Botschaften **setStartValues**, **go**, **liapunov** und **poincare** beliebig, aber **initialize** muß immer zuerst gesendet werden.

---

```
unit dsolve;
{ Objektorientierte  Umgebung zur Simulation von 2-,3- und 4-
  dimensionalen dynamischen Systemen. Turbo Pascal 7.0.
  M. Canty, 1994
}
INTERFACE
{}
uses crt,graph,xyplots;
{}
type array4   = array[1..4]       of extended;
     array20  = array[1..20]      of extended;
     array4x4 = array[1..4,1..4] of extended;
     array1K  = array[0..1023]    of real;
     array4K  = array[1..4096]    of real;
{}
     Tsimulation = object       { Das Simulationsobjekt }
{
  ---------------------Attribute -------------------------
}
            dt,nyquist,tMax,
            fMin,fMax,tau_,
            Z1Min,Z1Max,ZMin,Zmax:    real;
            nVar,
            varIndex1,varIndex2: integer;
            xLable,yLable1,yLable2,Heading: string;
{
  ---------------------Methoden --------------------------
}
            constructor initialize(Z1mn,Z1mx,Zmn,Zmx,tmx: real;
                                   n,vi: integer; Ttl: string);
{ Z1mn,Z1mx: Plotbereich der Zustandsvariable Z[1]
  Zmn,Zmx:   Plotbereich von Z[vi], falls vi=2,3,4, sonst von Z[2]
  tmx:      Maximaler Simulationsdauer
  n:        Anzahl der Zustandsvariablen, d. h. Systemdimension,
            1 < n < 5
  vi:       Zu plottende Zustandsvariable, 0 <= vi <= n bzw.
            Richtung senkrecht zum Poincare-Schnitt, vi = 2 oder 3
            Falls vi=0 werden alle Variablen geplottet.
  Ttl:      Ueberschrift fuer den Zustandsraum
}
            procedure setStartValues(Z1,Z2,Z3,Z4: real);
{ Zur Eingabe exakter Anfangsbedingungen, Mausposition
```

```
  wird ignoriert
}
            procedure go;
{ Startet die Umgebung
}
            procedure poincare(Z1mn,Z1mx,Zmn,Zmx,zz:real);
{ Zeichnet eine Poincare-Abbildung in der zur Richtung vi
  senkrechten Ebene mit Hoehe zz
  Nur fuer vi = 2 oder 3 und n = 3 erlaubt
}
            procedure liapunov(tau: real);
{ Berechnet die Liapunov-Exponenten eines autonomen systems
  Setzt Jacobische Matrix voraus
  t: Integrationszeit pro Iteration
}
            procedure equations(t:real; y:array4;
                                  var dydt:array4); virtual;
{ Platzhalter fuer die Systemgleichungen, muss
  ueberschrieben werden
}
            procedure jacobian(y:array4;
                                  var Dy:array4x4); virtual;
{ Platzhalter fuer Jacobische Matrix, muss nur dann
  ueberschrieben werden, falls LIAPUNOV aufgerufen wird
}
            procedure draw; virtual;
{ Platzhalter fuer die Erzeugung von Hilfslinien im
  Zustandsraum, wird automatisch aufgerufen,
  kann ueberschrieben werden
}
            procedure drawLine(x1,y1,x2,y2:real;col:word);
{ Erzeugt eine gerade Linie der gewaehlten Farbe im Zustandsraum,
  die die Koordinaten verbindet. Soll innerhalb DRAW
  verwendet werden
}
            procedure rk4(y,dydt: array4; n: integer;
                        t,h: extended; VAR yout: array4);
            procedure rka4(y,dydt: array20; n: integer;
                        t,h: extended; VAR yout: array20);
{ Interne Prozeduren fuer Runge-Kutta-Verfahren 4. Ordnung
}
            procedure fft;
{ Interne Prozedur fuer Fast Fourier Transform }
            procedure integrate(y0:array4; u0:array4x4;
                              var y:array4; var u:array4x4);
            procedure flow(t: extended; y: array20; var dydt: array20);
{ Interne Prozeduren fuer numerische Berechnung der Liapunov-Exponenten
}
            end;
{}
IMPLEMENTATION
{$I dsolve.inc}
END.
```

**Listing A.5** Interface der Unit DSOLVE.

# Literaturverzeichnis


[1] D. Meadows et. al, *Die neuen Grenzen des Wachstums*, Deutsche Verlags-Anstalt, 1992.

[2] H. Bossel, *Modellbildung und Simulation*, Vieweg, 1992.

[3] E. Ott, *Chaos in Dynamical Systems*, Cambridge University Press, 1993.

[4] E. Beltrami, *Mathematics for Dynamic Modelling*, Academic Press, 1987.

[5] J. M. T. Thompson and H. B. Stewart, *Nonlinear Dynamics and Chaos*, Wiley, 1989.

[6] H.-J. Siegert, *Simulation zeitdiskreter Systeme*, Oldenbourg, 1991.

[7] H. Rohlfing, *SIMULA, Eine Einführung*, B. I. Hochschultaschenbücher, Band 747, Bibliographisches Institut Mannheim, 1973.

[8] S. Levy, *KL - Künstliches Leben aus dem Computer*, Droemer Knaur, 1993.

[9] W. Wolff, Microinteractive Predator-Prey Simulations in W. Wolff, C. J. Soeder and F. Drepper (Hrsg.), *Ecodynamics*, Springer, 1988.

[10] D. R. Hofstadter, *Gödel, Escher, Bach: Ein Endlos Geflochtenes Band*, Klett Cotta Verlag, 1989.

[11] I. Stewart, *Spielt Gott Roulette: Chaos in der Mathematik*, Birkhäuser, 1990.

[12] G. Jetschke, *Mathematik der Selbstorganisation*, Deutscher Verlag der Wissenschaften, 1989.

[13] W. H. Press, B. P. Flannery, S. A. Teukolsky and W. T. Vetterling, *Numerical Recipes in Pascal: The Art of Scientific Computing*, Cambridge University Press, 1989.

[14] Wolfram Research Inc., *Mathematica Version 2.2*, Wolfram Research Inc., Champaign, Illinois 1994.

[15] M. E. Gilpen, *Spiral Chaos in a Predator-Prey Model*, Am. Nat. 113, 1979, p. 306.

[16] G. L. Baker and J. P. Gollub, *Chaotic Dynamics, an Introduction*, Cambridge University Press, 1990.

[17] H.-O. Peitgen, H. Jürgens und D. Saupe, *CHAOS: Bausteine der Ordnung*, Klett-Cotta/Springer, 1994.

[18] K.-H. Becker und M. Dörfler, *Dynamische Systeme und Fraktale*, Vieweg, 1992.

[19] B. Mandelbrot, *The Fractal Geometry of Nature*, Freeman, 1977.

[20] O. E. Rössler, *An Equation for Continuous Chaos*, Phys. Lett. 57a, 1976, p. 397.

[21] E. N. Lorenz, *Dimension of Weather and Climate Attractors*, Nature, Vol 353, Sept. 19, 1991.

[22] E. N. Lorenz, *Irregularity: a Fundamental Property of the Atmosphere*, Tellus 36A (1984), p. 98.

[23] E. N. Lorenz, *Can Chaos and Intransitivity lead to interannual Variablility?*, Tellus 42A (1990), p. 378.

[24] G. Hadley, *Concerning the cause of the general trade winds*, Phil. Trans. 39, 1735, p. 58.

[25] H. Fortak, *Meteorologie*, Carl Habel, Berlin, 1971.

[26] R. Avenhaus et al., *Mathematical Treatment of Box Models for the $CO_2$-Cycle of the Earth* in J. Williams (Ed.), *Carbon Dioxide, Climate and Society*, Pergamon Press, 1977, p. 121.

[27] M. Schaffer et al., *Periodic and Chaotic Dynamics in Childhood Infections*, in *From Chemical to Biological Organization*, Ed. M. Markus et al., Springer, 1988, p. 331.

[28] V. Capasso, *Mathematical Structures of Epidemic Systems*, Springer, 1993.

[29] J. Maynard-Smith und G. R. Price, *The Logic of Animal Conflict*, Nature 246, 1973, p. 15.

[30] R. Axelrod, *The Evolution of Cooperation*, New York Basic Books, 1984.

[31] R. Dawkins, *The Selfish Gene*, Oxford University Press, 1989.

[32] J. Gleick, *Chaos - die Ordnung des Universums*, Droemer Knaur, 1988.

[33] D. Ruelle, *Zufall und Chaos*, Springer, 1992.

[34] W. Seifritz, *Wachstum, Rückkopplung und Chaos*, Hanser, 1987.

[35] J. T. Sandefuhr, *Discrete Dynamical Systems*, Clarendon Press, 1990.

[36] H. Zeitler und W. Neidhardt, *Fraktale und Chaos: eine Einführung*, Wissenschaftliche Buchgesellschaft, 1993.

[37] A. A. Tsonis, *Chaos*, Plenum, 1992.

[38] H. G. Schuster, *Deterministic Chaos*, Physik-Verlag, 1984.

[39] L. C. Thomas, *Games, Theory and Applications*, Ellis Horwood Ltd., 1984.

[40] R. L. Devaney, *An Introduction to Chaotic Dynamical Systems*, Addison-Wesley, 1989.

[41] O. E. Rössler, *An Equation for Hyperchaos*, Phys. Lett. 71A, No. 2,3, 1979, p. 155.

[42] G. C. Edwards, *Advanced Techniques in Turbo Pascal*, SYBEX, 1987.

[43] M. S. Krisnnamoorthy und S. Agnarsson, *Concurrent Programming in Turbo Pascal*, BYTE, 12 No. 4, April, 1987, p. 127.

[44] A. K. Dewdney, Spektrum der Wissenschaft, Computer Kurzweil IV, 1990, p. 82.

[45] T. S. Parker und L. O. Chua, *Practical Numerical Algorithms for Chaotic Systems*, Springer, 1989.

# Index

# Modellbildung und Simulation

Konzepte, Verfahren und Modelle zum Verhalten dynamischer Systeme. Ein Lehr- und Arbeitsbuch

von Hartmut Bossel

*2., veränderte Auflage mit verbesserter Simulationssoftware. 1994. IV, 404 Seiten mit Diskette. Gebunden.*
*ISBN 3-528-15242-7*

Das Buch zeigt, wie mit den Verfahren der Modellbildung das Verhalten dynamischer Systeme simuliert werden kann. Seine Zielsetzung ist vielfältig: Zum einen führt das Buch in die systemtheoretischen Grundlagen ein, zeigt die Verfahren der Modellbildung auf, befaßt sich mit Szenarien- und Pfadanalysen, der Optimierung und Systemstabilisierung. Desweiteren bietet das Buch eine bisher einzigartige Software (SIMPAS), mit der das Verhalten von 50 dynamischen Systemen simuliert werden kann. Alle Programme dienen dem Zweck, am Beispiel Simulationsergebnisse direkt nachvollziehbar werden zu lassen. Durch die durchsichtige Programmierung in Turbo Pascal ist sichergestellt, daß der Anwender eigene Modelle entwickeln kann, um auch bei diesen, Experimente zum Globalverhalten und zur Parameterempfindlichkeit durchführen zu können. Last not least ist das Buch, das als Lehrbuch wie auch zum Selbststudium geeignet ist, eine Fundgrube für Beispiele, die die Bedeutung der Modellierung dynamischer Systeme in den verschiedensten Gebieten deutlich werden lassen, z.B. in den Wirtschaftswissenschaften, Sozialwissenschaften, der Umweltwissenschaft, Naturwissenschaft und Technik. Wer über die engen Grenzen des eigenen Fachs hinaus eine kompetente Informationsquelle zu einem der faszinierendsten Gebiete überhaupt sucht, findet in diesem Buch mehr, als ein „klassisches" Lehrbuch zu geben vermag.

Verlag Vieweg · Postfach 58 29 · 65048 Wiesbaden

# Weltsimulation & Umweltwissen

von Hans Peter Nowak und Hartmut Bossel

Das Programm präsentiert sich in moderner und gleichwohl dem Zweck angemessener Multimedia-Technik: Attraktive Fotografien, Animation und Kurzfilme präsentieren Wissen und Sehenswertes in Farbe und ziehen den Nutzer in ihren Bann. Während der Arbeit mit diesem Programm wird dem Anwender deutlich, welche Langzeitfolgen umweltrelevante Entscheidungen haben können. So vermag er zu der Einsicht gelangen, daß es durchaus Wege in eine nachhaltige Zukunft gibt. „Damit hilft das Programm, die vielerorts vermittelte Weltuntergangsstimmung zu bekämpfen, die nicht nur falsch, sondern vor allem auch jeder Entschlußfähigkeit in Umweltsachen abträglich ist (H. P. Nowak)."

1994. **CD-ROM-Version**
ISBN 3-528-05475-1

1994. **Disketten-Version**
ISBN 3-528-05474-3

Ergänzend hierzu wird die Software auch in einer nochmals erweiterten Fassung als Version für Schulen und Schulungen angeboten, die es dem Lehrer/ Dozenten erlaubt, durch ein mitgeliefertes Autorensystem Texte, Aufgaben etc. der Software für eigene Lehrzwecke hinzuzufügen. Außerdem berechtigt der Kauf dieser Version zu einer Mehrfachnutzung auf 10 PC's.

1994. **CD-ROM-Version für Schulen und Schulungen**
ISBN 3-528-05477-8

1994. **Disketten-Version für Schulen und Schulungen**
ISBN 3-528-05476-X

Verlag Vieweg · Postfach 58 29 · 65048 Wiesbaden